Aus dem Institut für
Pflanzenzüchtung, Saatgutforschung und Populationsgenetik
der Universität Hohenheim
Fachgebiet Pflanzenzüchtung und Biotechnologie
Prof. Dr. G. Weber

Bestimmung und Optimierung von Colchicin-Alternativen für die Doppelhaploiden-Technik bei Mais (*Zea mays* L.)

Dissertation
zur Erlangung des Grades eines
Doktors der Agrarwissenschaften (Dr. sc. agr.)
vorgelegt der
Fakultät Agrarwissenschaften
der Universität Hohenheim

von
Dipl.-Agr. Biol.
Katharina Rosalie Häntzschel
aus Esslingen
2011

Bibliografische Information der Deutschen Nationalbibliothek
Die Deutsche Nationalbibliothek verzeichnet diese Publikation in der Deutschen Nationalbibliografie; detaillierte bibliografische Daten sind im Internet über http://dnb.d-nb.de abrufbar.
1. Aufl. - Göttingen : Cuvillier, 2011
Zugl.: Hohenheim, Univ., Diss., 2011

978-3-86955-838-7

D100

Von der Fakultät Agrarwissenschaften der Universität Hohenheim zur Erlangung des Grades eines Doktors der Agrarwissenschaften (Dr. sc. Agr.) genehmigte Dissertation.

Tag der mündlichen Prüfung:	25.07.2011
1. Prodekan:	Prof. Dr. A. Fangmeier
Berichterstatter, 1. Prüfer:	Prof. Dr. G. Weber
Mitberichterstatter, 2. Prüfer:	Prof. Dr. A. Pfitzner
3. Prüfer:	Dr. habil. G. Reustle

Nonnenstieg 8, 37075 Göttingen
Telefon: 0551-54724-0
Telefax: 0551-54724-21
www.cuvillier.de

1. Auflage, 2011
Gedruckt auf säurefreiem Papier

978-3-86955-838-7

Meinen Eltern in Liebe und Dankbarkeit

Inhaltsverzeichnis

Abbildungsverzeichnis

Tabellenverzeichnis

Abkürzungsverzeichnis

° C	Grad Celsius
35S	35S Promotor
A. thaliana	*Arabidopsis thaliana*
Abb.	Abbildung
abs.	absolut
APM	Amiprophosmethyl
BAP	Benzylaminopurin
bp	Basenpaare
CaMV	Blumenkohlmosaik-Virus
cv.	Kulturvarietät
DAPI	4′,6-Diamidin-2-phenylindol
dH_2O / ddH_2O	einfach / zweifach deionisiertes Wasser
DMSO	Dimethylsulfoxid
E133	Brillant Blau
EDTA	Ethylendiamintetraacetat
EtOH	Ethanol
g	Erdbeschleunigung
g	Gramm
GA_3	Gibberellinsäure
GFP	Grün fluoreszierendes Protein
h	Stunde
HQ	Hydroxychinolin
HU	Hydroxyharnstoff (Hydroxyurea)
KES	Karminessigsäure
L	Liter
LATCA	Library of active compounds on *Arabidopsis*
m	Meter
M	Molar
MAP	Mikrotubuli-assoziiertes Protein
MBD	Mikrotubuli-bindende Domäne
min	Minute
MS	Murashige und Skoog

NaOCl	Natriumhypochlorit
NK	Negativkontrolle
Osmol	Osmolarität
pH	*potentia Hydrogenii*
RITA	Récipient à Immersion Temporaire Automatique
RT	Raumtemperatur
RWS	Inducer-Linie (aus reziproker Kreuzung der russischen Linie KEMS mit der Linie WS14)
s	Sekunde
SAM	Sproßapikalmeristem
ssp.	Subspezies
t	Tonne
Tab.	Tabelle
Tris	Tris (hydroxymethyl)-aminomethan
Tween® 20	Polyoxyethylen(20)-sorbitan-monolaurat
ü. N.	über Nacht
UHO	Universität Hohenheim
V	Volt
Ws	Wurzelspitze
M…	Mega (10^6)
m…	Milli (10^{-3})
µ…	Mikro (10^{-6})
n…	Nano (10^{-9})
p…	Piko (10^{-12})

1. Einleitung

1.1 Allgemeine Einleitung

1.1.1 Botanik

Mais *Zea mays* L. (Abb. 1.1 a) gehört zu den wichtigsten Kulturarten der heutigen Zeit und ist ein sogenannter Modellorganismus der Forschung. Es handelt sich um eine monokotyle C4-Pflanze, welche der Familie der Süßgräser, *Gramineae* (*Poaeae*) zugeordnet wird. Mais ist eine annuelle monözische Pflanzenart, bei der die männlichen Blütenstände (Fahnen) am oberen Teil der Pflanze gebildet werden und die weiblichen Blütenstände (Kolben) am unteren und mittleren Teil der Pflanze an den Blattachseln (Raven *et al.*, 2006; Strable & Scanlon, 2009; DMK, 2011). Desweiteren hat Mais (2n = 20) einen DNA-Gehalt von 4,75-5,63 pg und das Mais-Genom besteht aus 2292-2716 Mbp (Arumuganathan & Earle, 1991).

Alle angebauten Kulturformen gehören der Art *Zea mays* L. an, welche eine sehr hohe Vielfalt aufweist (Abb. 1.1 b). Maissorten lassen sich vor allem anhand der Kornform in mehrere Gruppen unterteilen, wobei Zahnmais (dent) und Hartmais (flint) im Anbau die wichtigste Rolle spielen (DMK, 2011).

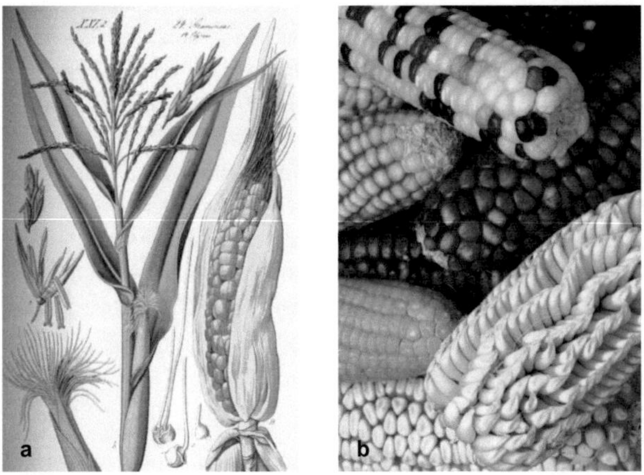

Abbildung 1.1 Mais (*Zea mays* L.)
a Illustration mit männlichen und weiblichen Blütenständen (von O. W. Thomé, 1885)
b Vielfalt der Art *Zea mays* L. (K. Weller, 2006)

Eine Besonderheit moderner Maispflanzen ist, dass sie zwar hochspezialisiert sind, jedoch ohne menschliches Zutun, nicht fähig sind sich zu verbreiten (Jugenheimer, 1976).

1.1.2 Geschichte

Mais stellt ein beeindruckendes Beispiel für die Evolution der Kulturpflanzen dar und wird häufig auch als Geschenk der Indianer bezeichnet (Brandenberg, 1976; Becker, 1993). Wie in Abb. 1.2 dargestellt hat Mais seine Ursprünge in Mexiko, wo Ureinwohner Vorformen des heutigen Mais schon bereits vor über 6000 Jahren kultivierten (Matsuoka *et al.*, 2002). In Europa wurde Mais im Jahre 1493 durch Kolumbus eingeführt, wobei die Bedeutung des Anbaus in Deutschland erst seit 1950 zunahm (Becker, 1993). Betrachtet man die Menge an Veröffentlichungen, sowie die Anzahl an Forschern, die sich früher, wie heute mit Mais beschäftigen, so zählt Mais zu den am besten erforschten Kulturpflanzen unserer Zeit.

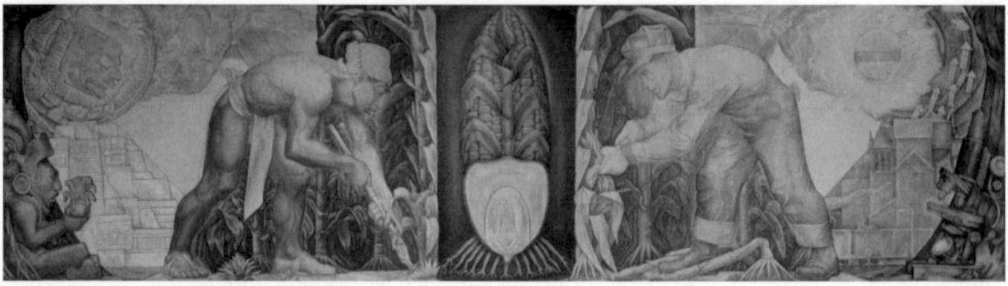

Abbildung 1.2 Mais als Beispiel für die Evolution der Kulturpflanzen (L. Houser, 1938)

Über die Abstammung des ursprünglichen Mais gibt es mehrere Theorien, wobei bis zur Mitte der 1990er Jahre vor allem zwei Theorien vorherrschten. Zum einen entwickelte Beadle bereits 1939 die Theorie, dass Mais eine domestizierte Form von Teosinte (*Zea mays* ssp. *parviglumis*) ist (Beadle, 1939). Zum anderen besteht die sogenannte „Tripartite"-Theorie, welche vor allem durch Mangeldorf und Reeves (1938) geprägt wurde. Hier geht man davon aus, dass Mais aus einer Wildform entstand und Teosinte hingegen das Ergebnis einer Kreuzung aus Mais und Gamagras (*Tripsacum dactyloides* L.) ist. Später wurde vor allem durch Eubanks (1995) die Theorie aufgestellt, dass Mais möglicherweise aus einer Kreuzung von Gamagras und Teosinte entstand. Betrachtet man die aktuelle Literatur, so scheint vor allem die von Beadle geprägte „Teosinte-Theorie" (Mais = domestizierte Form von Teosinte) am wahrscheinlichsten (Doebley, 1994; Bennetzen *et al.*, 2001; Doebley, 2004).

1.1.3 Anbau und Verwendung von Mais

Neben Weizen und Reis ist Mais eine der am häufigsten angebauten und somit wichtigsten Kulturpflanzen. Betrachtet man die weltweite Maisproduktion, so wird der Hauptanteil von ca. 80 % als Futtermittel (65 %) bzw. Nahrungsmittel (15 %) verwendet. Hauptproduzent sind mit einem Anteil von ca. 40 % (~330Mt) die USA (FAO, 2006; FAO, 2009).

Wie bereits 1976 bei Jugenheimer beschrieben, weist Mais ein großes Spektrum an Verwendungsmöglichkeiten auf (Jugenheimer, 1976). So wird Mais vor allem aufgrund des hohen Stärkegehalts als Vieh-Futtermittel eingesetzt. Desweiteren ist Mais ein wichtiges Grundnahrungsmittel und wird hierfür in vielfältigster Weise verarbeitet Außerdem findet Mais wiederum aufgrund des hohen Stärkegehalts in vielen industriellen Prozessen (Papier, Biokunststoff, Chemikaliensynthese) Anwendung. Eine deutliche Zunahme kann heutzutage in der Verwertung von Mais zu Bioethanol und zu Biogas verzeichnet werden (FAO, 2006; DMK, 2011).

1.1.4 Maiszüchtung allgemein

Mais ist ein klassisches Objekt der Züchtungsforschung und wird vor allem als Hybridsorte gezüchtet und angebaut. Diese Zuchtmethodik lässt sich in drei Schritte aufteilen: 1. Erzeugung homozygoter Elternlinien, 2. Testkreuzungen und Selektion geeigneter Linien, 3. Kreuzung der Elternlinien und Selektion der Hybridsorte. Meist ist der erste Schritt, d. h. die Entwicklung der Inzuchtlinien die aufwendigste Phase der Hybridzüchtung. (Becker, 1993). Am schnellsten können homozygote Linien über die sogenannte Doppelhaploiden-Technik erzeugt werden (Devaux & Pickering, 2005). Mittels dieser Technik können aus einer segregierenden Population homozygote, heterogene Linien ohne aufwendige Rückkreuzungen erstellt werden (Lee & Tracy, 2009). Es wird angenommen, dass der Fortschritt im Bereich der Maiszüchtung mit der Entwicklung von doppelhaploiden (DH)-Linien deutlich voranschreiten wird (Geiger & Gordillo, 2009). Auch das Interesse der großen Züchterfirmen an der DH-Technik hat in den letzten Jahrzehnten deutlich zugenommen. Da zur Erzeugung Doppelhaploider vor allem in den Ablauf der Befruchtung und des Zellzyklus der Maispflanzen eingegriffen wird, sollen diese Prozesse zunächst genauer geschildert werden.

1.2 Lebenszyklus von *Zea mays* L. und Bildung der Folgegeneration

Der Lebenszyklus einer Maispflanze beinhaltet den Wechsel zwischen diploider sporophytischer Phase und haploider gametophytischer Phase. Über eine meiotische Teilung entstehen aus der diploiden Mikrosporenmutterzelle haploide Mikrosporen (Pollenkörner). Die Pollenkörner durchlaufen schließlich zwei mitotische Teilungen aus denen pro Pollenkorn ein dreizelliger männlicher Gametophyt hervorgeht. Dieser beinhaltet die vegetative Zelle, sowie zwei Spermazellen, welche den generativen Teil bilden (Abb. 1.3 a). Auf der weiblichen Seite entstehen über Meiose aus der diploiden Megasporenmutterzelle vier haploide Megasporen, von denen jedoch drei degenerieren. Aus der nicht degenerierten Megaspore entwickelt sich über zwei mitotische Teilungen der achtkernige Embryosack (Abb. 1.3 b), welcher den reifen weiblichen Gametophyten darstellt. Der Embryosack besteht aus drei Antipoden, zwei Synergiden, der Eizelle (mit Synergiden = Eiapparat), sowie der zweikernigen (Polkerne) Zentralzelle, oder auch Embryosackkern.

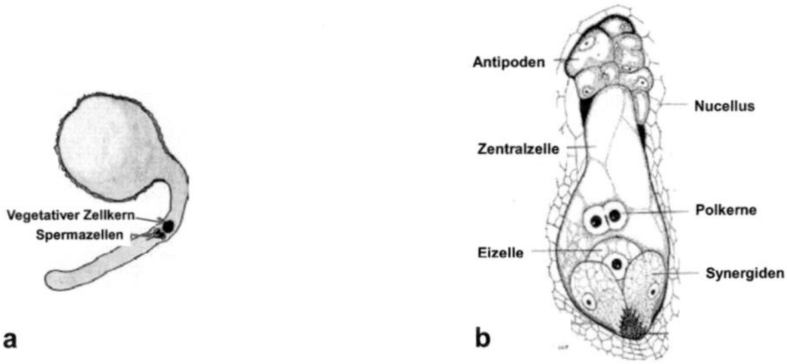

Abbildung 1.3 Schematische Darstellung der reifen Gametophyten (Größenverhältnis nicht gleich)
a männlicher Gametophyt (am Beispiel von *Arabidopsis,* nach McCormick, 2004)
b weiblicher Gametophyt (nach Diboll & Larson, 1966)

Sind beide Gametophyten gereift, erfolgt die sogenannte doppelte Befruchtung und anschließende Entwicklung des diploiden Samen (Abb. 1.4). Erreicht ein Pollenkorn die Staubfäden, so bildet die vegetative Zelle den sogenannten Pollenschlauch aus. Sobald dieser den Embryosack erreicht, werden die zwei Spermazellen meist in eine der beiden Synergiden entleert. Darauffolgend verschmilzt eine Spermazelle mit der Eizelle und bildet die sogenannte Zygote. Die andere Spermazelle dagegen verschmilzt mit den Polkernen und es entsteht der triploide Endospermkern. Durch die darauffolgenden mitotischen Teilungen entsteht aus der Zygote der Embryo und aus dem Endospermkern das Endosperm. Erst mit Beginn der Samenkeimung setzt der Embryo seine Entwicklung fort und wächst zu einem neuen Sporophyten heran. Somit kann der Lebenszyklus wieder von vorn beginnen (Jensen, 1973; Nultsch, 2001; Candela & Hake, 2008; Lüttge *et al.*, 2010).

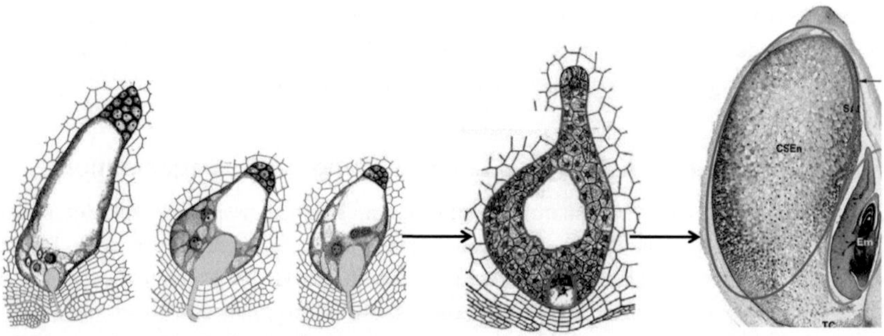

Abbildung 1.4 Doppelte Befruchtung bei Mais
Entwicklung des Maiskorns nach doppelter Befruchtung und Bildung von Embryo und Endosperm (verändert nach Sabelli & Larkins, 2009). gelb = Pollenschlauch mit Spermazellen; rot = Polkerne der Zentralzelle, bzw. Endosperm; grün = Eizelle, bzw. Zygote, bzw. Embryo

1.3 Zellzyklus

Mit der Samenkeimung beginnt ein neuer Lebenszyklus. Die Keimung wird nach der Quellungsphase zunächst mit einer Zellstreckungsphase gestartet. Darauffolgend beginnen Wachstum und Entwicklung der neuen Pflanze (Lüttge *et al.*, 2010). Die Pflanzenentwicklung ist durch unbestimmtes Wachstum und wiederholte Organogenese charakterisiert und somit mit ständiger Zellteilung verbunden (Dewitte & Murray, 2003). Hierfür durchlaufen die Zellen der bereits im Embryo angelegten Meristeme den sogenannten Zellzyklus.

1.3.1 Ablauf und Phasen des Zellzyklus

Der Zellzyklus wird in vier Phasen aufgeteilt (G_1-Phase, S-Phase, G_2-Phase und Mitose) welche in Abbildung 1.5 schematisch dargestellt sind. Der Zyklus beginnt mit der Bildung einer Zelle und endet mit der Zellteilung und somit der Entstehung von zwei Tochterzellen. Die G_1-Phase (G = Gap = Lücke) ist vor allem durch Zellwachstum, sowie RNA- und Proteinsynthese charakterisiert. Darauffolgend gehen die Zellen entweder in die nächste Phase über, oder sie bleiben in der sogenannten G_0-Phase und differenzieren sich zu Gewebezellen. Geht die Zelle in die S-Phase über, so wird hier die gesamte DNA der Zelle repliziert (S = Synthese). Nach erfolgreicher DNA-Replikation durchläuft die Zelle die sogenannte G_2-Phase, in der sie vor allem weiter an Größe zunimmt und die Synthese von RNA und Proteinen fortsetzt. In der G_1- und G_2-Phase werden außerdem die Zellorganellen vermehrt. Auf die G_2-Phase folgt dann die Mitose, d. h. die Teilung der Zelle und somit Entstehung von zwei Tochterzellen. Innerhalb des Zellzyklus werden die Übergänge zwischen den einzelnen Phasen an Kontrollpunkten vor allem durch sogenannte Schlüsselproteine (Cycline) gesteuert. Ein wichtiger Kontrollpunkt (in Abb. 1.4 durch roten Pfeil hervorgehoben) ist bspw. der Übergang von der G_1-Phase zur S-Phase bzw. G_0-Phase (Alberts *et al.*, 2001; Nultsch, 2001; Lüttge *et al.*, 2010).

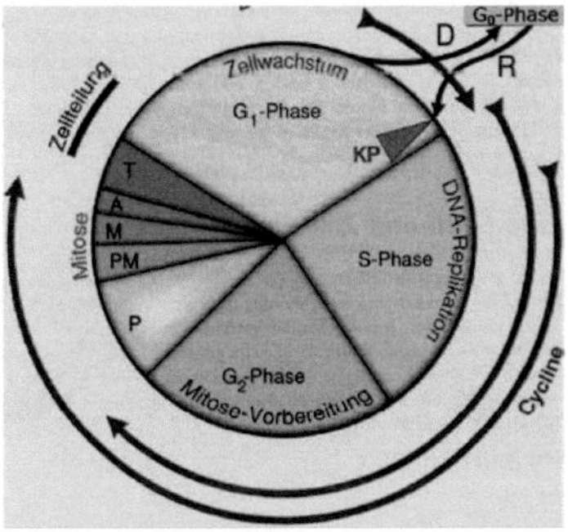

Abbildung 1.5 Phasen des Zellzyklus
(nach Lüttge *et al.*, 2010)

1.3.2 Mitose

Auch die Mitose von Pflanzenzellen kann in mehrere Phasen aufgeteilt werden und wird im Folgenden genauer beschrieben. Die einzelnen Phasen werden jedoch nur zur Charakterisierung der Mitose genutzt, die Mitose selbst verläuft normalerweise ohne Stopps. Nach der Interphase (G_1-Phase bis G_2-Phase des Zellzyklus; Abb. 1.6 a) geht die Zelle in die Prophase der Mitose über (Abb. 1.6 b + c). Die Schwesterchromatiden der Chromosomen werden durch fortlaufende Kondensation stark verkürzt. Gleichzeitig wird mit dem Aufbau des Spindelapparats an den Polkappen (= Mikrotubuli-organisierende Zentren) begonnen. Dieser besteht aus vielen Mikrotubuli-Untereinheiten. Hierbei werden Kinetochor- und Polmikrotubuli unterschieden. Die Kinetochormikrotubuli sind am einen Ende mit den Zellpolen und am anderen Ende mit den Kinetochoren der Chromosomen (jede Chromatide besitzt ein Kinetochor) verbunden. Die Polmikrotubuli dagegen sind am einen Ende mit einem Pol verbunden und das andere Ende ragt in die sogenannte Äquatorialebene. Die Kernhülle wird langsam aufgelöst. Das Ende der Prophase bzw. die Prometaphase (Abb. 1.6 d) ist erreicht, wenn die Kernhülle komplett aufgelöst ist. In der Metaphase (Abb. 1.6 e) ist der Spindelapparat vollständig ausgebildet und die Chromosomen in der Äquatorialebene angeordnet. Darauffolgend werden die Schwesterchromatiden in der Anaphase (Abb. 1.6 f) endgültig voneinander getrennt und durch das Zusammenspiel von

Kinetochor- und Polmikrotubuli an die entgegengesetzten Pole der Zelle transportiert. In der Telophase (Abb. 1.6 g + h) haben die Chromatiden, bzw. Tochterchromosomen die Zellpole erreicht, der Spindelapparat wird aufgelöst. Außerdem beginnen die Chromosomen sich zu dekondensieren und eine neue Kernhülle wird gebildet. Die Mikrotubuli bilden nun an der Äquatorialebene den Phragmoplasten und es entsteht durch das Anlagern und Verschmelzen von Golgi-Vesikeln die Zellplatte. Ist die Zellplatte vollständig ausgebildet, ist die Mitose abgeschlossen und die Tochterzellen gehen in die Interphase über (Abb. 1.5 i) (Baskin & Cande, 1990; Nultsch, 2001; Lüttge *et al.*, 2010).

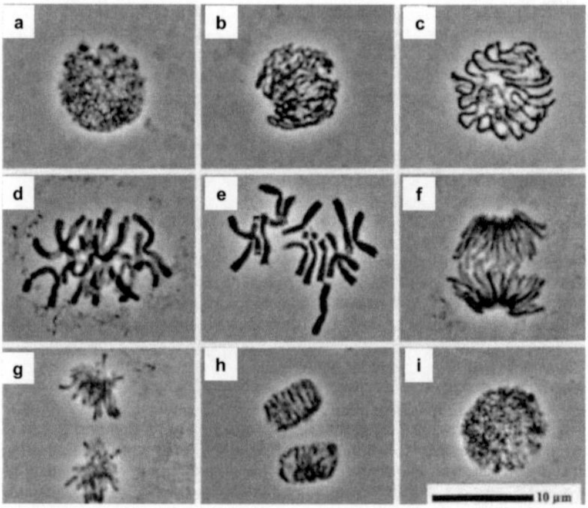

Abbildung 1.6 Ablauf der Mitose bei Pflanzen
(am Beispiel von Roggen = lichtmikroskopische Aufnahmen, aus Nultsch, 2001)
a Interphase; b + c Prophase; d Prometaphase; e Metaphase; f Anaphase; g + h Telophase; i Interphase

1.4 Doppelhaploidentechnik

Als Haploide bezeichnet man Pflanzen, die die Chromosomenzahl von Gametophyten aufweisen. Es handelt sich um autonome Pflanzen, die aus einer Gametenzelle entstanden sind. Haploide, welche aus diploiden Pflanzen entstanden sind, bezeichnet man auch als Monoploide. Bei haploiden Pflanzen bilden sich jedoch aufgrund der Tatsache, dass keine „normale“ Meiose stattfinden kann, keine Sporen. Somit sind haploide Pflanzen meist steril (Hess, 1992; Khush & Virmani, 1996). Zum Einsatz der Pflanzen in der Züchtung müssen aus den Haploiden daher durch Verdopplung des Chromosomensatzes fertile Doppelhaploide hergestellt werden.

1.4.1 Kurze Geschichte der Doppelhaploidentechnik

Ein wichtiger Meilenstein in der Geschichte der DH-Technik war die Beobachtung der ersten natürlich auftretenden Haploiden bei *Datura stramonium* durch Belling und Blakeslee 1922. Darauffolgend wurde bei vielen Pflanzenspezies über das Auftreten von Haploiden berichtet

(Khush & Virmani, 1996). Die ersten haploiden Maispflanzen wurden durch Stadler und Randolph bereits im Jahre 1929 beobachtet (Randolph, 1932). Wichtige Pionierarbeit leisteten außerdem die Studien von Blakeslee und Avery durch den Einsatz von Colchicin die Induktion der Chromosomensatzverdopplung bei Pflanzen künstlich hervorzurufen (Blakeslee & Avery, 1937). Eine der ersten DH-Linien bei Mais konnte bereits 1952 durch die Injektion von Colchicin in das Epikotyl junger haploider Keimlinge erzeugt werden (Chase, 1952). Im Laufe des letzten Jahrhunderts wurden für verschiedene Pflanzenspezies viele Methoden zur künstlichen Erzeugung Haploider und Doppelhaploider entwickelt, welche im folgenden Kapitel kurz allgemein und dann speziell für Mais geschildert werden.

1.4.2 Allgemeine Vorgehensweise

Zur Erzeugung Doppelhaploider eingesetzte Techniken lassen sich in zwei Schritte aufteilen: 1. Erzeugung von haploidem Gewebe, oder haploiden Pflanzen (1n) aus heterozygoten Eltern; 2. Aufregulierung der Chromosomensätze im haploiden Gewebe, bzw. der haploiden Pflanzen, um doppelhaploide Pflanzen (2n) zu erhalten (Baenziger, 1996).

Bei den meisten Pflanzenarten ist die Frequenz spontan auftretender Haploider relativ gering. Jedoch gibt es verschiedene Protokolle, um Haploide gezielt zu erzeugen. Diese Protokolle lassen sich in *in-vitro*- und *in-vivo*-Techniken unterteilen. Bei der *in-vitro*-Technik können entweder über Androgenese oder Gynogenese Haploide erzeugt werden. Androgenese erfolgt durch die Kultur von Antheren oder isolierten Mikrosporen. Diese Technik kommt aufgrund der relativ einfachen Handhabung bei vielen Pflanzenspezies zum Einsatz. Jedoch sind die Möglichkeiten zur Herstellung ausreichend großer Zahlen Haploider zum Einsatz in der Züchtung bis auf einige Ausnahmen begrenzt. Desweiteren gibt es hier starke genotypische Unterschiede innerhalb einer Pflanzenspezies. Bei der Gynogenese werden Zellen aus dem weiblichen Gametophyten (ähnlich der Parthenogenese) zur Embryoentwicklung stimuliert. Diese Technik findet z. B. bei *Allium cepa* L. und *Beta vulgaris* L. Anwendung. Jedoch wird Gynogenese aufgrund relativ geringer Effizienz eher selten zur Produktion von Haploiden verwendet. Bei der *in-vivo*-Technik kommt es aufgrund von interspezifischen oder intergeneren Kreuzungen zur Chromosomeneliminierung bzw. Parthenogenese. Ein gutes Beispiel für interspezifische Hybridisierung ist das sogenannte *Bulbosum*-System bei Gerste. Nach Bestäubung von *Hordeum vulgare* L. mit *Hordeum bulbosum* L. findet zwar eine Befruchtung statt, aber (meist) die *Bulbosum*-Chromosomen werden früh in der Embryonalentwicklung eliminiert. Die nur bedingt lebensfähigen Embryonen werden dann *in vitro* über die „embryo rescue"-Technik zu haploiden Pflanzen kultiviert. Ein Beispiel für intergenerische Hybridisierung ist die Bestäubung von Weizen mit Maispollen. Hier kommt es ebenso zur Eliminierung der Maischromosomen und haploide Pflanzen können über embryo rescue herangezogen werden (Khush & Virmani, 1996; Kasha, 2005; Forster *et al.*, 2007; Dunwell, 2010).

Bei der Erzeugung von Doppelhaploiden findet, nachdem in den haploiden Zellen während der S-Phase alle Chromosomen verdoppelt wurden, keine Zellteilung statt. Somit entstehen Zellen mit jeweils zwei identischen Chromosomensätzen. Dies kann entweder spontan durch Vorgänge wie Endomitose, Endoreduplikation oder Kernfusion auftreten, oder durch künstliche Induktion hervorgerufen werden. Bei den meisten Pflanzen, ebenso bei Mais, ist wie bei der Entstehung Haploider auch das Auftreten von spontaner Verdopplung des Chromosomensatzes relativ gering, bzw. auch stark vom jeweiligen Genotyp abhängig. Daher werden zur Produktion fertiler DH-Pflanzen Techniken zur künstlichen Aufregulierung des Chromosomensatzes benötigt. In der Literatur zur Erzeugung von DH-Pflanzen findet man verschiedene Möglichkeiten zur Verdopplung von Chromosomensätzen mittels Chemikalien, oder auch durch Anwendung physikalischer Verfahren. Die eingesetzte Methode ist dabei jeweils auch von der Technik der Haploiden-Erzeugung abhängig. Bei der *in-vitro*-Kultur von Antheren oder Mikrosporen kann die Behandlung bereits nach der ersten mitotischen Teilung des Pollenkorns erfolgen. Bei der *in-vitro*-Kultur von Eizellen, bzw. embryo rescue oder auch bei der *in-vivo*-Haploideninduktion ist dagegen der Embryo der frühest mögliche Behandlungszeitpunkt. Die Behandlung *in vivo* ermöglicht viele Optionen, wie z. B. die Behandlung von Saatgut, Wurzeln, Keimlingen, oder Pflanzen. Die meisten Methoden, sowohl *in vitro*, als auch *in vivo* verwenden jedoch Colchicin als Mitosehemmer (Kasha, 2005; Segui-Simarro & Nuez, 2008).

1.4.3 Erzeugung doppelhaploider Maispflanzen

1.4.3.1 Haploideninduktion

Die meisten Mais-Genotypen zeigen in der Gewebekultur nur eine geringe Regenerationsfähigkeit. Daher spielt bei Mais vor allem die *in-vivo*-Haploideninduktion eine Rolle (Geiger, 2009). Auch hier gibt es theoretisch zwei Möglichkeiten zur Erstellung Haploider: Zum einen die Erzeugung von paternalen Haploiden mittels der 1969 entdeckten ig (indeterminate gametophyte)-Mutation (Kermicle, 1969) und zum anderen die Induktion von maternalen Haploiden (Birchler, 1994). In der Maiszüchtung wird hauptsächlich die Technik zur Induktion maternaler Haploide eingesetzt. Diese Technik wurde vor allem durch die Entdeckung der ersten Inducer-Linie, Stock6, (Coe & Sarkar, 1964) ermöglicht und in den letzten Jahrzehnten immer weiter entwickelt. Wie in Abbildung 1.7 dargestellt, werden hierbei Kolben der Genomdonor-Pflanzen mit Pollen einer Inducer-Linie bestäubt. Über einen Mechanismus, der noch nicht genau aufgeklärt ist, entstehen hierbei zwischen 1-10 % haploide Körner (Röber, 1999).

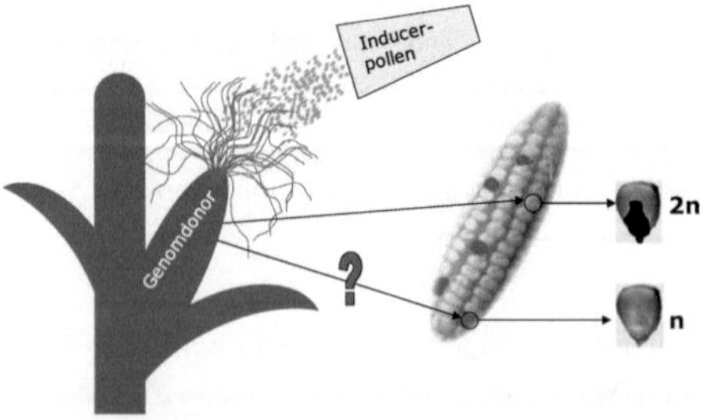

Abbildung 1.7 Vorgehensweise zur Induktion von maternalen Haploiden

Die meisten der heutzutage eingesetzten Inducer-Linien leiten sich von Stock6 ab (Eder & Chalyk, 2003). Laut Literatur ist derzeit die Inducer-Linie RWS die effektivste. Diese entstand aus einer Kreuzung der russischen Linie KEMS und der französischen Linie WS14 und erreicht eine durchschnittliche Induktionsrate von 8 % (Lasherme & Beckert, 1988; Shatskaya *et al.*, 1994; Röber *et al.*, 2005).

Bevor die Haploiden zur Züchtung eingesetzt werden können, müssen diese zunächst selektiert werden. Neben den typischen Merkmalen haploider Pflanzen, wie z. B. der verringerte Wuchs gibt es jedoch noch zuverlässigere Methoden. Dies kann über verschiedene Mechanismen entweder über Korn-, oder Keimlings-Marker erfolgen, welche bei Mais am besten entwickelt sind (Dunwell, 2010). Der wohl am effektivsten wirkende Marker ist hier der „purple-embryo" Korn-Marker (Nanda & Chase, 1966). Um diesen Marker einsetzen zu können, muss die Inducer-Linie homozygot für das *R1-nj*-Gen sein (Familie von Transkriptionsfaktoren, die die Expression des Anthocyanin-Pigments steuern; Li *et al.*, 2001). Der Genomdonor (d. h. die bestäubte Pflanze) dagegen muss farbloses Saatgut produzieren. Haploides Saatgut zeigt ein gefärbtes Endosperm (immer triploid) und einen farblosen Embryo. Erhält man Saatgut mit sowohl gefärbtem Endosperm, als auch gefärbtem Embryo (*R1-nj* ist dominant), ist es diploid und Resultat einer normalen Entwicklung einer befruchteten Zygote (Geiger, 2009).

1.4.3.2 Aufregulierung des Chromosomensatzes

Da bei Mais vor allem die *in-vivo*-Haploideninduktion eingesetzt wird und desweiteren die *in-vitro*-Kultur bei Mais relativ kompliziert ist, werden im Folgenden nur *in-vivo*-Systeme behandelt. Wie zuvor erwähnt wird bei den meisten Techniken Colchicin zur Aufregulierung der Chromosomensätze eingesetzt. Daher soll das Alkaloid im Folgenden noch einmal genauer betrachtet werden.

Colchicin

Colchicin ist ein Alkaloid der Herbstzeitlosen *Colchicum autumnale* L., das aber auch in anderen Pflanzen der *Liliaceae*-Familie vorkommt. In der Zytologie zur Beobachtung von Chromosomen hat der Einsatz von Colchicin zu einem deutlichen Fortschritt geführt (Dustin, 1978). Relativ früh wurde Colchicin auch in Studien zur Erhöhung des Ploidiegrades in Pflanzen eingesetzt (Blakeslee & Avery, 1937; Eigsti, 1938). Colchicin verhindert den Aufbau des Spindelapparats durch Depolymerisation der Mikrotubuli (Bindung an Tubulin), was zur Verhinderung der Zellteilung und zu sogenannten C-Mitosen führt (Levan, 1938). Nach der Regeneration der Zellen weisen diese den doppelten Chromosomensatz auf.

In den letzten Jahrzehnten wurde der Einsatz von Colchicin in der Mais DH-Technik als Standardmethode etabliert. Es ist jedoch bekannt, dass Colchicin spezifisch an den Spindelapparat von Säugetierzellen bindet. Aufgrund der geringeren Affinität zu Pflanzenspindeln ist hier im Gegensatz zu Säugern eine bis zu 1000fach höhere Konzentrationen zur Depolymerisierung der Mikrotubuli nötig (Bajer & Molè-Bajer, 1986; Morejohn *et al.*, 1987; Caperta *et al.*, 2006). Aufgrund dessen werden zur Erzeugung von Doppelhaploiden große

Mengen an Colchicin eingesetzt. Dies führt zu einer enormen Kostensteigerung und vor allem zu einer erhöhten Gefahr für den Anwender.

Alternativen zu Colchicin

Es sind viele Chemikalien bekannt, die in Pflanzenzellen zu einer Hemmung der Mitose führen können, so agieren z. B. ein Viertel aller Herbizide als Mitosehemmer (Dustin, 1978; Sharma, 1990; Breviario & Nick, 2000; Nick, 2000). Einige dieser Chemikalien zeigten sich vor allem in der Gewebekultur auch bei Mais als relativ effektiv bezüglich der Aufregulierung von Chromosomensätzen (Hansen *et al.*, 1998; Wan *et al.*, 1991). Doch auch die depolymerisierende Wirkung von extremen physikalischen Reizen auf die Mikrotubuli-Organisation von Pflanzenzellen ist bekannt (Nick, 2000) . Relativ früh wurden Experimente z. B. mit Temperaturextremen durchgeführt, aber auch der Einsatz von Lachgas führte zu einer Chromosomensatz-Verdopplung in haploiden, sowie diploiden Maiszellen (Randolph, 1932; Chu *et al.*, 1992; Kato, 2002; Kato & Birchler, 2006).

1.5 Ziel dieser Arbeit

Betrachtet man die aktuelle Literatur, so lässt sich erkennen, dass die Doppelhaploidentechnik in der Mais-Hybridzüchtung bereits in vielen Ländern als Standardmethode etabliert werden konnte. Jedoch weist die Technik immer noch ein deutliches Optimierungspotential auf, wenn man z. B. die Gesamtausbeute von insgesamt ca. 1 % (jeweils 10 % Ausbeute an Haploiden, bzw. Doppelhaploiden) in einem Standard-Zuchtprogramm betrachtet (persönliche Mitteilung, Monguzzi, F., 2010). Die Verbesserung der Haploideninduktion und der Aufdopplungseffizienz könnte somit zur Optimierung der Methodik beitragen. Neben der Effizienzsteigerung könnten jedoch auch die Kosten der DH-Entwicklung durch z. B. den Einsatz effektiverer Mitosehemmer gesenkt werden. Desweiteren ist die Verwendung der Technik vor allem durch den vorwiegenden Einsatz des Alkaloids Colchicin aufgrund der hohen Toxizität für den Anwender nicht immer wünschenswert. Aufgrund dessen und aufgrund der teilweise schlechten Infrastruktur bezüglich des Umgangs mit Gefahrstoffen kann die Methodik noch nicht in allen Ländern als Standard genutzt werden.

Ziel der vorliegenden Arbeit war daher die Ermittlung und optimale Nutzung von effektiven und / oder vor allem mindergiftigen Colchicin-Alternativen für die DH-Technik bei Mais. Hierfür wurden folgende Haupt-Schritte durchgeführt:

- Beurteilung von möglichen bekannten Colchicin-Alternativen aus dem Bereich der Chemikalien, sowie Entwicklung und Beurteilung von physikalischen Behandlungs-Methoden mittels eines geeigneten Test-Systems
- Bestimmung geeigneter Bedingungen und Optimierung der Behandlung von haploidem Pflanzenmaterial mit potenziellen Colchicin-Alternativen
- Hochdurchsatz-Screening einer Chemikalien-Bibliothek, um neue Colchicin-Alternativen zu identifizieren.

2. Material

2.1 Pflanzenmaterial

2.1.1 *Zea mays* L.

Bei Experimenten zur Mitoseinhibition von Maispflanzen wurde hauptsächlich Saatgut der Inzuchtlinie A188 (Abb. 2.1 a) verwendet. Desweiteren kam für Keimversuche Saatgut der Inzuchtlinie KYS (Abb. 2.1 b) zum Einsatz. Für die Experimente an haploidem Pflanzenmaterial wurde eine Mischung von haploidem Saatgut verwendet (Abb. 2.1 c). Außerdem wurde bei Experimenten zur Untersuchung der Haploideninduktion Saatgut einer transgenen Inducerlinie (Abb. 2.1 d) verwendet. Diese Inducerlinie (RWS) wurde von F. Röber entwickelt und zählt derzeit zu einer der effektivsten Inducerlinien (Röber *et al.*, 2005). Durch Transformation mit einem 35S::GFP Konstrukt (J. Birchler) exprimiert die Inducerlinie konstitutiv das Gen für das grün fluoreszierende Protein (GFP).

Abbildung 2.1 Maissaatgut
a A188; b KYS; c Haploidenmix; d RWS 35S::GFP

Saatgut der beiden Inzuchtlinien stand an der Universität Hohenheim zur Verfügung. Außerdem wurde das Saatgut der transgenen Inducerlinie (RWS 35S::GFP) dankenswerterweise von Jim Birchler (University of Missouri, Columbia) zur Verfügung gestellt. Dieses Saatgut (A188; KYS; RWS 35S::GFP) konnte in ausreichender Menge in den Gewächshäusern des Instituts vermehrt werden. Nur die Menge an haploidem Saatgut war limitiert, da dieses nicht selbst hergestellt werden konnte, und daher von der Versuchsstation Eckartsweiher zugekauft wurde.

2.1.2 *Arabidopsis thaliana* cv. Columbia

Für die Experimente mit *Arabidopsis*-Pflanzen kam ausschließlich Saatgut der transgenen Linie GFP::MAP4-MBD (Granger & Cyr, 2001) zum Einsatz (Abb. 2.2).

Abbildung 2.2 Arabidopsissaatgut (GFP::MAP4-MBD)
Bild ist stark vergrößert, der schwarze Balken zeigt ~1 mm

Diese Linie (cv. Columbia) exprimiert ein Fusionsprotein aus der Mikrotubuli-bindenden Domäne (MBD) des Mikrotubuli-assoziierten Proteins 4 (MAP4) und GFP. Das transgene Saatgut wurde freundlicherweise von Sabine Müller (Universität Tübingen) zur Verfügung gestellt und konnte im S1-Gewächshaus des Instituts in ausreichender Menge vermehrt werden.

2.2 Chemikalien

2.2.1 Einzelchemikalien

Im Folgenden werden die in dieser Arbeit verwendeten Chemikalien sowie deren Bezugsquellen aufgelistet. Wenn nicht anders erwähnt, wurden alle gebrauchsfertigen Lösungen mit zweifach deionisiertem Wasser (ddH_2O) angesetzt. Wenn Chemikalien von verschiedenen Quellen bezogen wurden, wurde zuvor die gleichwertige Wirksamkeit überprüft und konnte in allen Fällen bestätigt werden.

Chemikalie	**Hersteller /Bezugsquelle**
Daishin-Agar	Duchefa
Amiprophosmethyl (APM)	Duchefa
Benzylaminopurin (BAP)	Duchefa
Borsäure	Roth
Colchicin	Sigma / Duchefa
Dimethylsulfoxid (DMSO)	Roth
Eisessig	Roth
Ethanol abs.	Roth
Ethanol vergällt	UHO

Chemikalie	Hersteller / Bezugsquelle
EDTA	Roth
Gibberellinsäure (GA_3)	Duchefa
Glycerin	Roth
Glycin	Roth
Griseofulvin	VWR: Alfa Aesar
Hydroxyharnstoff	Sigma
Hydroxychinolin	Merck
Karminessigsäure	UHO
Koffein	Merck
L-Asparagin	VWR: Sigma Chemie
Mannit	Merck
MS-Salze	Duchefa
Myo-Inositol	Duchefa
Natriumhypochlorit	VWR: Prolabo
Nikotinsäure	Duchefa
Oryzalin	VWR: Ehrenstorfer GmbH / Duchefa
Pronamid	VWR: Prolabo
Pyridoxin	Duchefa
Saccharose	Duchefa
Thiamin	Duchefa
Trifluralin	VWR: Ehrenstorfer GmbH
Tris	Roth
Tween® 20	Roth
E133	Th. Geyer

2.2.2 Chemikalien-Bibliothek

Neben den zuvor aufgeführten Chemikalien wurde in der vorliegenden Arbeit zusätzlich noch die LATCA-Bibliothek (library of active compounds on *Arabidopsis*, Cutler, 2008) verwendet. Der Aufbau der LATCA-Bibliothek wird in Abbildung 2.3 genauer dargestellt. Die Abbildung zeigt, dass die Bibliothek aus mehreren Komponenten (~3600) besteht, welche einerseits aus anderen kommerziell erhältlichen Chemikalien-Bibliotheken (Chembridge, LOPAC, Spectrum und Maybridge) stammen. Andererseits beinhaltet die LATCA-Bibliothek chemische Verbindungen, welche Bestandteil von z. B. Herbiziden oder anderer für Forschungszwecke eingesetzter Substanzen sind. Für den Großteil dieser Substanzen konnte bereits eine aktive Wirkung auf Pflanzen (im speziellen auf *Arabidopsis*) nachgewiesen werden (Cutler, 2008). Die Substanzen sind alle als 2 mM Stock (außer Platte Nr. 45, hier sind Substanzen als 5 mM Stock) in DMSO gelöst. Diese Stocklösungen (pro Substanz 12 µl) sind auf 47 Stk. 96-Well Platten verteilt. Pro Platte sind die Spalten eins und zwölf jeweils leer. Die Platten sind mit Aluminium-Klebefolie dicht verschlossen und werden bei -80° C gelagert.

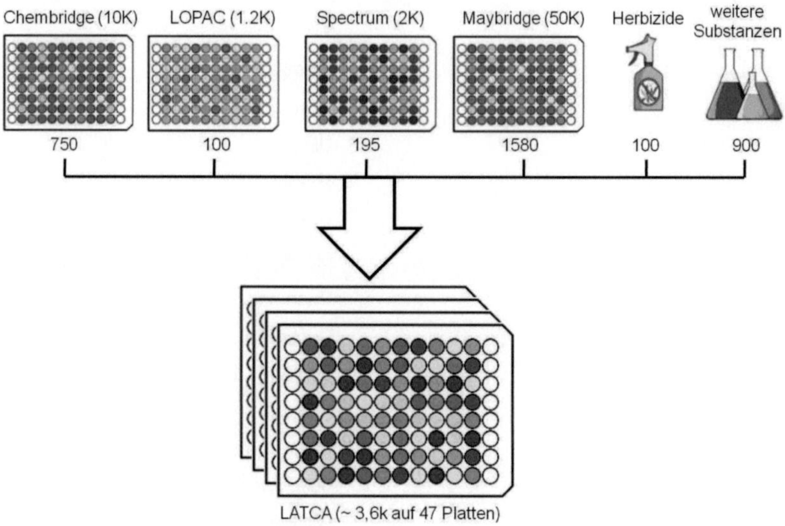

Abbildung 2.3 Aufbau der LATCA-Bibliothek
verändert nach Cutler, 2008, Chembridge, LOPAC, Spectrum und Maybridge = kommerziell erhältliche Chemikalien-Bibliotheken. Oberer Teil zeigt jeweils die Quellen (mit Anzahl) der LATCA-Substanzen und im unteren Teil sind die LATCA-Platten (gesamte Bibliothek = 47 Platten mit insgesamt ~3600 Substanzen) schematisch dargestellt

Die LATCA-Bibliothek wurde freundlicherweise von Sean Cutler (University of California, Riverside) zur Verfügung gestellt. Jedoch war Platte Nr. 19 nicht lieferbar, so dass im Rahmen der vorliegenden Arbeit die Platten 1-18, sowie 20-47 eingesetzt wurden.

2.3 Medien / Puffer

Medium	**Reagenzien / Bedingungen**
LATCA-Pipettiermedium	0,5 X MS-Salze
	146 mM Saccharose (5 %)
	ddH_2O
	0,1 % Daishin-Agar
	pH-Wert 5,8

Medium	Reagenzien / Bedingungen
Maismedium	1 X MS-Salze
(= abgeändertes MS-Medium	438 mM Saccharose (15 %)
laut Campenot *et al.*, 1992;	18 M Myo-Inositol
persönliche Mitteilung A. Thiemann,	62 mM Nikotinsäure
Universität Hamburg)	103 mM Pyridoxin
	133 mM Thiamin
	150 mM Glycin
	53 M L-Asparagin
	23 mM BAP
	0,7 % Agar
	ddH_2O
	pH-Wert 5,8

BAP und L-Asparagin wurden erst nach dem Autoklavieren hinzu gegeben.

Puffer	Reagenzien
5 X TBE-Puffer (laut Sambrook & Russell, 2001)	1 M Tris
	1 M Borsäure
	20 mM EDTA

2.4 Gebrauchsfertige Lösungen

CyStain® UV Precise P (Partec)

CyStain® UV Ploidy (Partec)

DNA Control UV (Partec)

Sheath Fluid (Partec)

Cleaning Solution (Partec)

2.5 Geräte / Verbrauchsmaterial / Software

Neben der Standardausrüstung des Labors wurden zusätzlich folgende Geräte, Verbrauchsmaterialien sowie Computer-Software eingesetzt.

Gerät	Hersteller / Bezugsquelle
Data-Logger	Lascar electronics
Digitalkamera	Canon

Gerät	Hersteller / Bezugsquelle
Druckbehälter	Sartorius
Durchflusszytometer CAII	Partec
Exsikkator	Nalgene
Fluoreszenzbinokular mit Kamera DC200	Leica (Universität Tübingen)
Klimaschrank	Percival
Kryowasserbäder	Thermo
Mehrkanal-Pipetten 10 µl und 300 µl	Eppendorf
Membranpumpe	Neuberger
Mikroskop Ortholux mit Kamera	Leitz
Reinstwasseranlage	Millipore
RITA®-System	Vitropic
Saatgutstempel	Werkstatt UHO
Saatgutwanne	Werkstatt UHO
Stemi SV6 mit Fluoreszenzeinrichtung	Zeiss
Sterile Arbeitsbank	Prettl
Thermoprinter	Sony
Tischautoklav	HMC
Vortex Genie 2	Bender Hobein
Zentrifuge 3K12	Sigma
Zentrifuge 5415C	Eppendorf

Verbrauchsmaterial	Hersteller / Bezugsquelle
10 L Pflanz-Eimer	UHO
300 µl e-Tips	Eppendorf
96-Well Platten	Greiner
Alte Präpariernadel	UHO
Aussaattöpfe	UHO
Celltrics Filter 50 µm	Partec
Euflor-Aussaaterde	UHO
Keimpapier	Schleicher & Schüll
Keimprüfpapier	Roth
Komposterde	eigene Herstellung UHO
Kunststoffbecher mit Deckel (rechteckig)	Huhtamaki

Verbrauchsmaterial	Hersteller / Bezugsquelle
Kunststoffbecher mit Deckel (rund)	Huhtamaki
Osram Quecksilberdampflampe HBO100	Partec / Hirrlinger
Petrischalen aus Glas	Roth
Sample Tubes für Zytometer	Sarstedt / Partec
Sicherheitsklingen	Roth
Silver seal	Greiner
TipTub-Reagenztrog	Eppendorf

Software	Hersteller / Bezugsquelle
Office-Paket	Microsoft
Dpac	Partec
IM50	Leica
Photoshop	Adobe
EasyLog USB	Lascar electronics

3. Methoden

3.1 Standard-Methoden

3.1.1 Sterilisation von Medien, Lösungen und ddH_2O

Für Arbeiten, die unter sterilen Bedingungen durchgeführt werden sollten, wurden die verwendeten Medien, Lösungen, Verbrauchsmaterialien bzw. das Wasser vor Gebrauch sterilisiert. Dies geschah entweder durch Autoklavieren (20 min, 120° C) bzw. bei hitzeempfindlichen Inhaltsstoffen durch Sterilfiltrieren. Außerdem wurden, wenn möglich, sterile Verbrauchsmaterialien gekauft.

3.1.2 Umgang mit transgenem Pflanzenmaterial

3.1.2.1 Transgener Mais

Zur Entsorgung von transgenem Maissaatgut und transgenen Maiskeimlingen, wurden diese autoklaviert (20 min, 120° C). Bei transgenem Pflanzenmaterial wurden die generativen Pflanzenteile (Fahnen und Kolben) ebenfalls autoklaviert. Die vegetativen Pflanzenteile wurden getrocknet und konnten über den herkömmlichen Kompostmüll entsorgt werden (pers. Mitteilung Richter, Tübingen). Desweiteren wurde das Saatgut der transgenen Inducerlinie (RWS 35S::GFP) in regelmäßigen Abständen anhand von Stichproben auf Vorhandensein des Reportergens (GFP) visuell getestet. Hierfür wurden die Keimlinge (Spross- und Wurzelspitzen) im Stemi SV6 unter UV-Licht betrachtet und mit Keimlingen des Wildtyps (A188) verglichen (Abb. 3.1) Außerdem dienten transgene Wurzeln (in Glycerin bei -20° C) zusätzlich als Positivkontrolle zur Überprüfung der Funktionalität der Fluoreszenz-einrichtung. Es konnte im Verlauf der vorliegenden Arbeit beobachtet werden, dass das GFP-Signal der transgenen Maiswurzeln bei Lagerung in Glycerin, -20°C über mehrere Wochen stabil blieb.

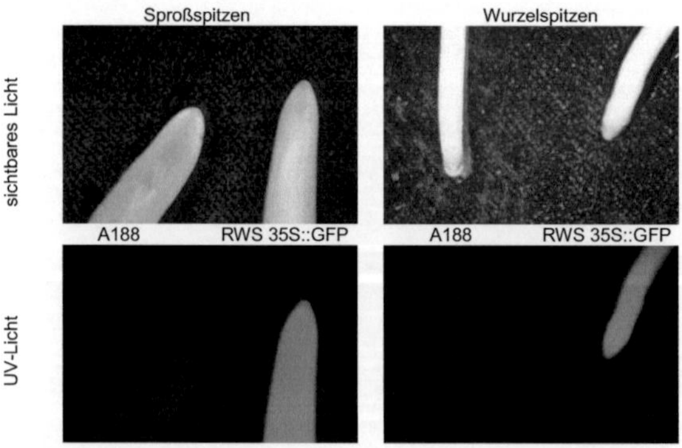

Abbildung 3.1 GFP-Signal transgener Maiskeimlinge

links Sproßspitzen, rechts Wurzelspitzen. Das obere Bild zeigt jeweils A188 (Kontrolle, linker Bildteil) bzw. RWS 35S::GFP (rechter Bildteil) unter sichtbarem Licht. Im unteren Bild sind die Spross- bzw. Wurzelspitzen jeweils unter UV-Licht dargestellt.

3.1.2.2 Transgene *Arabidopsis*

Aufgrund der geringen Größe (vgl. Abb. 2.2) und der elektrostatischen Aufladung von Arabidopsissaatgut, war bei Arbeiten im Labor / im Gewächshaus besondere Vorsicht geboten. Alle Pflanzenreste, Aussaaterde, Einmalverbrauchsmaterialien, sowie nicht mehr benötigtes Arabidopsissaatgut wurden durch Autoklavieren entsorgt. Behältnisse und Geräte, die mit Saatgut in Berührung kamen, wurden gründlich mit EtOH ab-/ausgewischt. Die hierfür verwendeten Tücher wurden ebenfalls autoklaviert. Ebenso wie bei transgenem Mais, wurden auch bei neu vermehrtem Arabidopsissaatgut regelmäßig Stichproben unter UV-Licht auf Vorhandensein des GFP-Signals überprüft.

3.1.3 Entsorgung von Chemikalien

Bei allen Gefahrstoffen, die in dieser Arbeit verwendet wurden, wurde auf korrekte Entsorgung geachtet. Geräte und Gefäße, die mit giftigen Chemikalien (wie bspw. Colchicin) in Kontakt kamen, wurden gründlich mit EtOH abgewischt. Die hierfür verwendeten Tücher, sowie Einmal-Verbrauchsmaterial (wie bspw. Keimprüfpapier), das mit gefährlichen Chemikalien in Kontakt kam, wurden über den Chemikalien-Abfall (Feststofftonne) entsorgt. Außerdem wurden Chemikalien, sowie Waschwasser in dafür gekennzeichneten Kanistern gesammelt und ebenfalls über den Chemikalienabfall entsorgt. Einzige Ausnahme bildeten hier die 96-Well Mikrotiterplatten, in denen transgene *Arabidopsis*-Keimlinge behandelt wurden. Diese konnten, aufgrund der geringen Chemikalienmenge, durch Autoklavieren entsorgt werden (pers. Mitteilung W. Beyer, S1-Sicherheitsbeauftragter, Universität Hohenheim).

3.2 Keimung und Vermehrung von Saatgut

3.2.1 Keimung und Vermehrung von Maissaatgut

3.2.1.1 Keimung von Maissaatgut

Um optimale Keimbedingungen zu erhalten, wurden zunächst mit Saatgut der Inzuchtlinien A188 und KYS verschiedene Keimtests durchgeführt. Es zeigte sich, dass das Saatgut sowohl im Licht, als auch im Dunkeln gut keimte. Desweiteren wurden die besten Ergebnisse bei 26° C erreicht. Außerdem konnten, verglichen zu KYS-Saatgut, mit A188-Saatgut höhere Keimraten beobachtet werden. Daher wurde für die späteren Experimente als Standard A188-Saatgut (bzw. später haploides Saatgut) bei 26° C im Dunkelinkubator angekeimt. Hierfür wurde das Saatgut, in Abhängigkeit vom experimentellen Ablauf, für unterschiedliche Dauer entweder in Keimpapierrollen (Abb. 3.2 a) oder auf Keimprüfpapier / Keimpapier in Kulturbechern (Abb. 3.2 b und c) angekeimt. Hierbei wurde jeweils so viel dH_2O hinzugegeben, bis das Keimpapier / Keimprüfpapier mit Wasser gesättigt war.

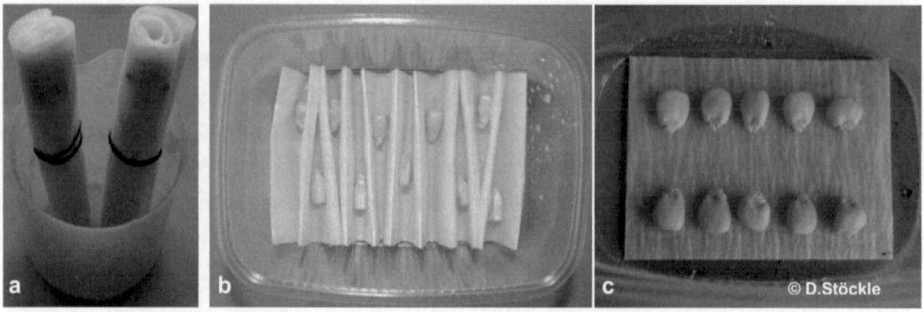

Abbildung 3.2 Keimung von Mais-Saatgut
a in Keimpapierrolle; b auf Keimprüfpapier in Kulturbecher und c auf Keimpapier in Kulturbecher

Zur Ankeimung in Keimpapierrollen (Abb. 3.2 a) wurde das Saatgut auf autoklaviertem Keimpapier ausgelegt, dieses eingerollt und die Keimpapierrolle in einen Messbecher gestellt. Zur Vermeidung von Verdunstung wurde der Messbecher mit einer Plastiktüte verschlossen. Bei der Ankeimung auf Keimprüfpapier (Abb. 3.2 b) wurde das Saatgut auf das gefaltete Keimpapier in Kunststoffbecher gelegt und diese anschließend verschlossen. Bei der letzten Variante wurde das Saatgut, wie in Abbildung 3.2 c dargestellt, auf Keimpapier in Becher gelegt. Darauffolgend wurde ein weiteres mit dH_2O gesättigtes Keimpapier auf das Saatgut gegeben und zuletzt der Becher verschlossen (Stöckle, 2010). Um einerseits Pilzentwicklung und andererseits Verdunstung möglichst gering zu halten, wurden in die Deckel der Kunststoffbecher kleine Löcher gestochen.

3.2.1.2 Vermehrung von Maissaatgut

Das Saatgut wurde bis zu einer Woche in einer Keimpapierrolle angekeimt (Abb. 3.3 a). Anschließend wurden die Keimlinge im Gewächshaus in Aussaattöpfe mit Aussaaterde gepflanzt (Abb. 3.3 b). Nach ca. zwei Wochen erfolgte dann das Umtopfen der Keimlinge in 10 L Eimer mit Komposterde (Abb. 3.3 c). Hier wurden die Pflanzen bis zur Kolbenreife kultiviert.

Abbildung 3.3 Kultivierung von Maispflanzen
a Keimlinge in Keimpapierrolle bzw. b in Aussaattöpfen; c junge Maispflanze in 10 L Eimer

Zu Beginn der Blüte wurden zur Steigerung der Narbenfadenbildung (persönliche Mitteilung M. Stanke, B. Devezi) die Spitzen der Kolbenansätze abgeschnitten. Die Kolbenansätze (Abb. 3.4 a) wurden darauffolgend, zur Verhinderung von Fremdbestäubung, mit Plastiktüten bedeckt. Desweiteren wurden die Fahnen (Abb. 3.4 b) zur Verhinderung unkontrollierter Pollenausschüttung in Pergamintüten gesteckt. Sobald reifer Pollen und ausreichend Narbenfäden gebildet waren, erfolgte die manuelle Bestäubung der Kolbenansätze (Abb. 3.4-c). Das heißt, reifer Pollen wurde in der Pergamintüte gesammelt und auf die Narbenfäden gestäubt. Hierbei wurde pro Pflanze nur ein Kolben bestäubt, die restlichen Kolben wurden vor dem Bestäuben entfernt. Die Bestäubung wurde bis zu dreimal wiederholt und die unreifen Kolben bis zum Abernten in den Pergamintüten belassen.

Abbildung 3.4 Vermehrung von Mais-Saatgut
a Kolbenansatz; b Fahne; c bestäubter Kolbenansatz und d reife Kolben zur Trocknung

Abgeblühte Fahnen wurden schließlich abgeschnitten. Pflanzenschutzmaßnahmen wurden je nach Bedarf durchgeführt (N. Köster, bzw. D. Stabenow). Erst nach Abblühen und Abtrocknen der Pflanzen wurden die Kolben geerntet und auf einem hierfür eigens angefertigten Nagelbrett (Abb. 3.4 d) gesammelt und bei RT getrocknet. Zuletzt wurde das Saatgut von den Kolben getrennt, gezählt und bis zur weiteren Verarbeitung im Saatgut-Kühlraum bei 4° C gelagert.

3.2.2 Keimung und Vermehrung von Arabidopsissaatgut

3.2.2.1 Saatgut-Sterilisation

Aufgrund der Tatsache, dass die Experimente mit *Arabidopsis*-Keimlingen in Flüssigmedium und daher unter sterilen Bedingungen durchgeführt werden sollten, musste das hierfür verwendete Saatgut zunächst sterilisiert werden. In Abhängigkeit von der späteren Versuchsdurchführung wurde die benötigte Saatgut-Menge zuvor mit Hilfe einer Feinwaage in 2 ml Probenröhrchen abgewogen. Die anschließend beschriebenen Arbeiten (außer die Zentrifugationsschritte) wurden unter einer sterilen Arbeitsbank durchgeführt. Es wurde 1 ml einer mit sterilem ddH_2O auf 7 % verdünnten Natriumhypochlorit-Lösung (NaOCl) zum Saatgut hinzu pipettiert (vgl. Abb. 3.5 a). Das Saatgut wurde dann für 10 min (Weber, 2010) durch mehrmaliges Invertieren und Vortexen in der Lösung inkubiert (vgl. Abb. 3.5 b). Nun folgte zum Sedimentieren des Saatguts ein Zentrifugationsschritt bei maximaler

Geschwindigkeit (16.000 x *g*) für etwa 15 s (Abb. 3.5 c). Darauffolgend wurde der Überstand, unter Vermeidung von Saatgutverlusten, vorsichtig abpipettiert und zum Waschen des Saatguts 1 ml steriles ddH_2O hinzu pipettiert. Nach mehrmaligem Invertieren erfolgte ein ca. 15 s dauernder Zentrifugationsschritt bei maximaler Geschwindigkeit. Zuletzt wurde der Überstand wieder vorsichtig abpipettiert. Dieser Waschschritt wurde insgesamt drei- bis fünfmal durchgeführt und das sterile Saatgut, je nach anschließender Verwendung, entweder in sterilem Wasser, in EtOH, oder in sterilem Pipettiermedium durch Vortexen suspendiert (Vgl. Abb. 3.5 d).

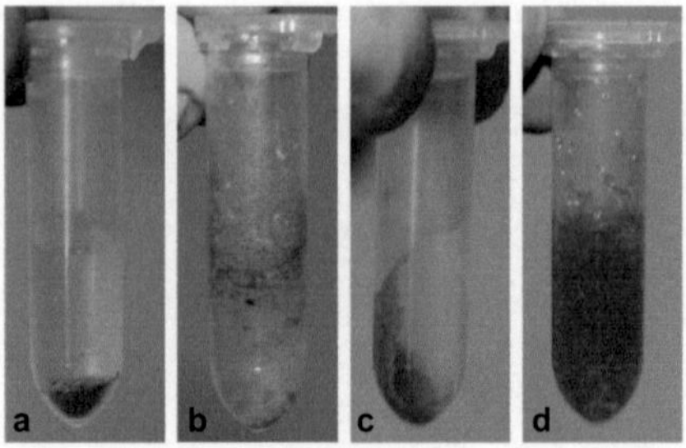

Abbildung 3.5 Sterilisation von Arabidopsis-Saatgut
a abgewogenes Saatgut in 7 % NaOCl; b Saatgut in NaOCl suspendiert; c sedimentiertes Saatgut und d Saatgut gleichmäßig in Pipettiermedium suspendiert

3.2.2.2 Saatgut-Vermehrung

Sterilisiertes Arabidopsissaatgut (vgl. 3.2.2.1) wurde in sterilem ddH_2O suspendiert und auf Petrischalen mit MS-Medium verteilt (Abb. 3.6 a oben). Anschließend wurde eine drei- bis viertägige Stratifikation bei ~ 4° C im Kühlschrank durchgeführt. Darauffolgend wurden die Petrischalen in den Kulturschrank überführt (22° C, 16 h Licht) und bis zur Keimung des Saatguts dort belassen (ca. eine Woche, für Keimlinge mit Keimblättern) (Abb. 3.6 a unten bzw. 3.6 b oben, für Keimlinge mit ersten Blättern). Nun wurden die Petrischalen ins Gewächshaus überführt und die Keimlinge nach einem Tag in Aussaattöpfe mit Aussaaterde pikiert. Es wurden bis zu fünf Keimlinge pro Topf pikiert (s. a. Abb. 3.6 b unten). Zur Vorbeugung der Eiablage von Schadinsekten und somit des Befalls mit beispielsweise Thripsen, wurde außerdem Sand auf die Erde gestreut (persönliche Mitteilung S. Müller, Universität Tübingen). Desweiteren wurden die Pflanzen (Abb .3.6 c links) bis zur Schotenreife gegossen, um Verminderung der Keimfähigkeit des neu gebildeten Saatguts zu verhindern. Jeweils die reifen Schoten (vgl. Abb. 3.6 c rechts) wurden in 2 ml Probenröhrchen vorsichtig gesammelt und schließlich im Inkubator (26° C) getrocknet. Nach Trocknung (ein bis zwei Wochen) erfolgte die Saatgutsäuberung. Hierfür wurde das Saatgut-Schotengemisch über ein Teesieb mehrmals gefiltert, bis die groben Pflanzenreste entfernt waren. Schließlich wurde das Saatgut mittels Thermopapier (aus Sony Thermoprinter, zur Vermeidung von statischer Aufladung) in 2 ml Probenröhrchen überführt und bis zur weiteren Verwendung in einer lichtdichten Box bei RT aufbewahrt.

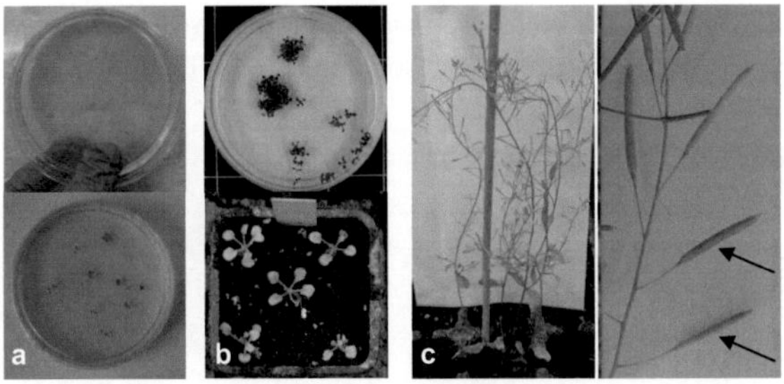

Abbildung 3.6 Vermehrung von *Arabidopsis*-Saatgut
a sterilisiertes Saatgut (oben) bzw. Keimlinge (unten) auf MS-Medium; b Keimlinge mit ersten Blättern (oben) bzw. pikierte Keimlinge (unten); c Pflanze kurz vor Schotenreife (links), Ausschnitt (rechts) zeigt reife Schoten (Pfeile)

3.2.2.3 Übertragung und Keimung von Arabidopsissaatgut in 96-Well Platten

Zur gleichmäßigen Verteilung (5-10 Samen pro Well) von Arabidopsissaatgut in 96-Well Platten kamen zwei Methoden zum Einsatz. Zum einen wurde das Saatgut mit einem eigens dafür aus Edelstahl angefertigten „Saatgutstempel", und zum anderen durch eine Multikanal-Pipette übertragen.

Bei der ersten Methode wurde das sterilisierte Saatgut in EtOH suspendiert, in eine „Saatgutwanne" (Abb. 3.7 a) geschüttet und unter der sterilen Arbeitsbank durch Verdunsten des EtOH getrocknet. Darauffolgend wurde der Saatgutstempel auf ein feuchtes Filterpapier getupft und anschließend vorsichtig in die Saatgutwanne auf das gleichmäßig verteilte Saatgut gedrückt (Abb. 3.7 b). Danach wurde das Saatgut in eine mit je 100 µl Pipettiermedium pro Well befüllte 96-Well Platte überführt. Falls in ein Well weniger als fünf Samen überführt wurden, erfolgte das nachträgliche Übertragen von Saatgut mit einem einzelnen Edelstahlpin.

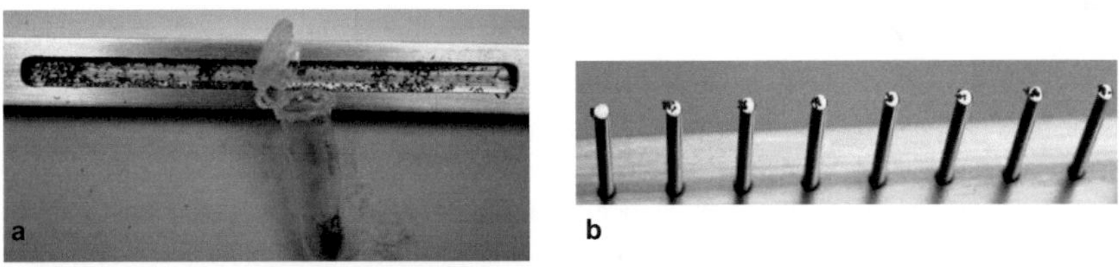

Abbildung 3.7 Übertragung von *Arabidopsis*saatgut mittels Saatgut-Stempel
a Saatgutwanne mit sterilisiertem Saatgut; b Saatgutstempel mit Saatgut (Weber, 2010)

Bei der zweiten Übertragungstechnik wurde das Saatgut zunächst abgewogen (je 96-Well Platte ca. tausend Samen), sterilisiert und in Pipettiermedium suspendiert. Darauffolgend wurde das Saatgut in einen TipTub-Reagenztrog mit Pipettiermedium (pro Platte 5 ml) geschüttet und gleichmäßig verteilt (Abb. 3.8 a). Anschließend wurden mittels Multikanal-Pipette und 300 µl e-Tips (Eppendorf) je Well 50 µl Saatgut-Pipettiermedium-Gemisch pipettiert (Abb. 3.8 b). Darauffolgend wurden pro Well nochmals 50 µl Pipettiermedium hinzu pipettiert. Auch hier wurden bei Wells, die unter fünf Samen aufwiesen nachträglich Samen hinzugefügt. Hier erfolgte das nachträgliche Übertragen jedoch mittels einer Pipettenspitze.

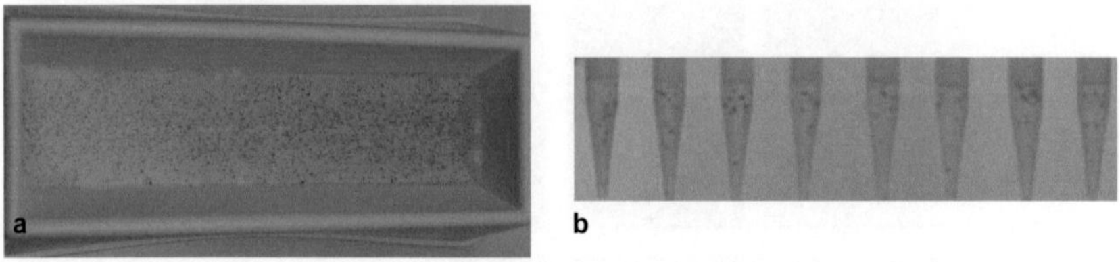

Abbildung 3.8 Übertragung von *Arabidopsis*saatgut mittels Multikanal-Pipette
a Tip Tub Reagenztrog mit Saatgut in Pipettiermedium verteilt; b Saatgut-haltiges Pipettiermedium in 300 µl e-Tips

Bei beiden Methoden wurden die mit Saatgut bestückten 96-Well Platten mit drucksensitiver „silver seal" Aluminiumklebefolie dicht verschlossen und je nach experimentellem Plan für zwei bis vier Tage zur Stratifikation des Saatguts im Kühlschrank (~ 4° C) inkubiert. Nach der Stratifikation erfolgte die sechs- bis siebentägige Keimung im Kulturschrank (22° C, 16 h Licht).

3.3 Behandlung des Wurzelspitzenmeristems von Maiskeimlingen mit potenziellen Colchicin-Alternativen

3.3.1 Allgemeine Vorgehensweise

Zur Inhibition der Mitose und somit einer Verdopplung des Chromosomensatzes, sollten verschiedene Methoden zunächst am Wurzelspitzenmeristem drei Tage alter Maiskeimlinge (A188) getestet werden. Das Saatgut wurde hierfür, wie in 3.2.1.1 beschrieben, in Kunststoffbechern auf Keimprüfpapier angekeimt. Die Behandlungsmethoden lassen sich aufgrund ihrer Eigenschaften in chemische und physikalische Methoden unterteilen und werden nachfolgend beschrieben.

Nach der jeweiligen Behandlung erfolgte entweder die qualitative Auswertung am Mikroskop (3.5.1), die quantitative Auswertung am Durchflusszytometer (3.5.2), oder die Beurteilung der Regenerationsfähigkeit der behandelten Pflanzen. Für die qualitative Analyse wurden die Wurzelspitzen nach Behandlung abgetrennt und in frischem 3 + 1 (= drei Teile EtOH abs. + ein Teil Eisessig) ü. N. bei -20° C aufbewahrt. Für die quantitative Analyse und die Bestimmung der Regenerationsfähigkeit wurden die Keimlinge in frische Becher auf frisches mit dH_2O gesättigtes Keimprüfpapier umgesetzt und zur Regeneration im Dunkelinkubator bis zur jeweiligen Auswertung weiterkultiviert.

3.3.2 Behandlung mit Chemikalien

Für die Auswahl der möglichen Alternativ-Chemikalien wurden vor allem Literaturquellen durchsucht. Sowohl aus älteren, als auch aus aktuellen Publikationen sind Chemikalien bekannt, welche bei Säugerzellen und / oder in verschiedenen Pflanzenspezies (unter anderem auch in Mais) zu einem Mitoseblock und somit teilweise zur Verdopplung des

Chromosomensatzes in den behandelten Zellen führen. Viele dieser Substanzen kamen aufgrund hoher Toxizität (z. B. Podophyllotoxin) bzw. des zu hohen Preises (z. B. Vinca-Alkaloide) nicht als Colchicin-Alternativen in Frage.

Aus den mindergiftigen, preisgünstigeren, bzw. auch seltener erwähnten Chemikalien wurde eine kleine Auswahl an Substanzen mit teilweise verschiedenem Wirkmechanismus getroffen und an Maiswurzeln getestet. Für eine bessere Übersicht sind diese Chemikalien und deren Eigenschaften in der Tabelle 3.1 a aufgeführt. In Tabelle 3.1 b werden außerdem für jede Chemikalie einige Literaturquellen, die die Auswahl der Chemikalien beeinflusst haben, sowie die Herstellung der jeweiligen Stock-Lösungen und die jeweilige Aufbewahrung kurz zusammengefasst. Bei den Chemikalien, die als Stocklösung angesetzt wurden, wurde zur Herstellung der später eingesetzten Arbeitskonzentration die jeweilige Menge an Stock-lösung in ddH_2O gelöst.

Tabelle 3.1 Chemikalien, die zur Behandlung von Wurzelspitzen eingesetzt wurden

a Eigenschaften der Chemikalien

Gefahrensymbole (CHEMIE.DE Information Service GmbH, 2011) werden so, wie die Chemikalien erworben wurden, noch nach alter EU-Kennzeichnung dargestellt

Chemikalie	Synonyme (je 4 Beispiele NCBI, 2011)	Molare Masse [g·mol−1]	Summenformel (NCBI, 2011)	Gefahrensymbol
Amiprophosmethyl (APM)	Tokunol M Amiprofosmethyl BAYntn80 NTN 2975	304,30	$C_{11}H_{17}N_2O_4PS$	 gesundheitsschädlich
Colchicin	Condylon Colsaloid Colchineos Colchisol	399,43	$C_{22}H_{25}NO_6$	 sehr giftig
Griseofulvin	Fulvicin Grisactin Grisefuline Grisovin	352,77	$C_{17}H_{17}ClO_6$	 giftig
Hydroxyharnstoff	Hydroxycarbamide Hydrea Droxia Litalir	76,05	$CH_4N_2O_2$	 giftig
8-Hydroxychinolin	8Hydroxyquinolin Oxine Phenopyridine Bioquin	145,16	C_9H_7NO	 gesundheitsschädlich

Koffein	Methyltheobromine Guaranine Mateina Thein	194,19	$C_8H_{10}N_4O_2$	 gesundheitsschädlich
Oryzalin	Surflan Dirimal Ryzelan Benzenesulfon- amide	346.36	$C_{12}H_{18}N_4O_6S$	 umweltgefährlich
Pronamid	Propyzamide KERB Clanex Caswell	256.13	$C_{12}H_{11}Cl_2NO$	  gesundheitsschädlich umweltgefährlich
Trifluralin	Treflan Agreflan Crisalin Nitran	335,28	$C_{13}H_{16}F_3N_3O_4$	  gesundheitsschädlich umweltgefährlich

b Beispiele für Literaturquellen, sowie Herstellung und Lagerung der Chemikalien

Chemikalie	Bsps. Literaturquelle(n)	Stocklösung	Aufbewahrung
Amiprophosmethyl (APM)	(Kiermayer & Fedtke, 1977; Morejohn & Fosket, 1984; Falconer & Seagull, 1987; Wan *et al.*, 1991)	2 mM in DMSO	-20° C
Colchicin	(Wan *et al.*, 1989; Gayen *et al.*, 1994; Saisingtong *et al.*, 1996; Barnabás *et al.*, 1999)	12,5 / bzw. 25 mM in ddH_2O	4° C bis zu sechs Wochen
Griseofulvin	(Dustin, 1978; Schiavo *et al.*, 1980)	2 mM in DMSO	-20° C
Hydroxyharnstoff	(Pan *et al.*, 1993; Lee *et al.*, 1996; Doležel *et al.*, 1999)	250 mM in ddH_2O	4° C
Hydroxychinolin	„Standardchemikalie" im Labor	0,04 % in ddH_2O (erwärmt)	4° C
Koffein	(Becerra & Carmona, 1983; Hepler &Bonsignore, 1990; Galatis & Apostolakos, 1991)	-	immer frisch angesetzt in ddH_2O
Oryzalin	(Morejohn *et al.*, 1987; Murthy *et al.*, 1994; Kermani *et al.*, 2003)	2 mM in DMSO	-20° C
Pronamid	(Akashi *et al.*, 1988; Wan *et al.*, 1991; Beaumont & Widholm, 1993;)	2 mM in DMSO	-20° C
Trifluralin	(Lignowski & Scott, 1972; Zhao & Simmonds, 1995; Zlesak *et al.*, 2005)	2 mM in DMSO	-20° C

Zur Behandlung mit den in Tabelle 3.1 aufgeführten Chemikalien wurden die Maiskeimlinge auf Keimprüfpapier, welches mit der jeweiligen Chemikalien-Lösung getränkt war (mindestens 1 ml Inhibitorlösung pro Keimling), gelegt (Vgl. Abb. 3.9 a). Es wurde genau darauf geachtet, dass die Wurzelspitzen Kontakt zum Keimprüfpapier und somit zum Mitoseinhibitor hatten (Vgl. Abb. 3.9 b).

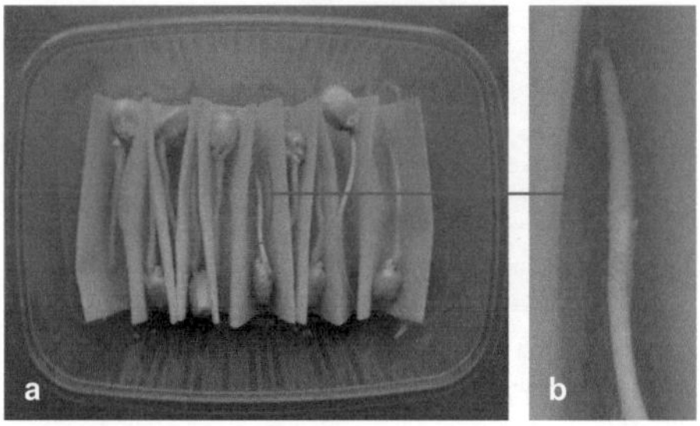

Abbildung 3.9 Behandlung von Maiswurzeln mit Chemikalien
a Übersicht der Keimlinge auf mit Inhibitor getränktem Keimprüfpapier, b Detailansicht WS mit Kontakt zum Keimprüfpapier

Zur Inkubation der Maiskeimlinge in den verschiedenen Chemikalien wurden die Kulturbecher in den Dunkelinkubator (26° C) gestellt und die Keimlinge für die jeweilige Versuchsdauer in der Chemikalienlösung inkubiert. Nach der jeweiligen Inkubationszeit wurden die Keimlinge dreimal mit dH_2O gewaschen.

3.3.3 Behandlung mit physikalischen Methoden

Neben den Chemikalien wurden auch physikalische Methoden zur Blockade der Mitose an drei Tage alten A188-Keimlingen getestet. Diese Methoden lassen sich wiederum in drei Gruppen aufteilen.

3.3.3.1 Behandlung bei erhöhtem atmosphärischem Druck

Aus Publikationen aus dem Bereich der Fisch- und Amphibienforschung ist bekannt, dass bei Behandlung mit erhöhtem atmosphärischem Druck eine Veränderung des Ploidiegrades erreicht werden kann (z. B. Reinschmidt *et al.*, 1979; Foisil & Chourrout, 2008). Ebenso konnte bei Untersuchungen an *Lolium rigidum* L. nach Druckbehandlung eine Veränderung der Mikrotubuli-Organisation festgestellt werden (Cleary & Hardham, 1993). Aufgrund dieser Tatsachen, sollte durch Druckbehandlung von Maiskeimlingen versucht werden, eine Veränderung der Mikrotubuli-Organisation und somit eine Blockade der Mitose zu erreichen. Der experimentelle Aufbau der Druckbehandlung ist in Abbildung 3.10 dargestellt.

Die Kulturbecher mit drei Tage alten Maiskeimlingen wurden (ohne Deckel) in die Druckkammer gestellt. Anschließend wurde die Kammer dicht verschlossen und mittels einer Pumpe ein erhöhter Druck im Innern des Gefäßes aufgebaut und durch Verschließen der Ventile konstant gehalten. Am eingebauten Manometer der Druckkammer (schwarzer Pfeil) konnte der Innendruck im Gefäß überprüft werden. Zur Beendigung der Druckbehandlung konnte die Luft durch Öffnen des Ventils abströmen und das Druckgefäß geöffnet werden.

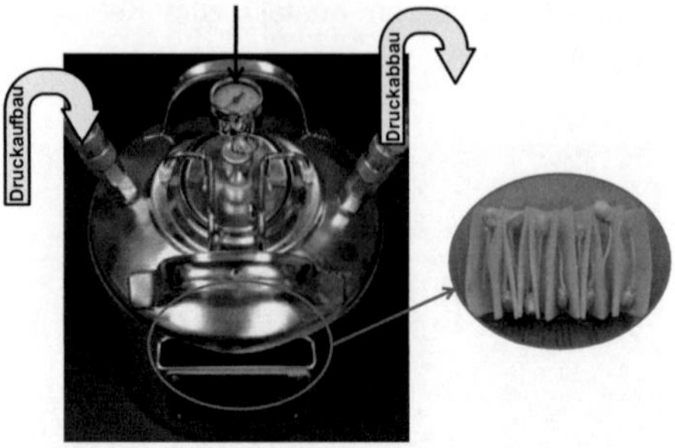

Abbildung 3.10 Behandlung von Maiswurzeln unter erhöhtem atmosphärischem Druck
Maiskeimlinge in Kulturbecher (Detail) werden in Druckkammer gestellt, diese verschlossen und Druck aufgebaut

3.3.3.2 Behandlung im elektrischen Feld

Ziel dieses Versuches war es, die Mikrotubuli der Maiszellen durch Anlegen eines elektrischen Feldes zu depolymerisieren. Hierfür wurden die Maiskeimlinge, wie in Abbildung 3.11 gezeigt, in eine mit 1 X TBE-Puffer gefüllte Elektrophorese-Kammer gelegt. Anschließend wurde die Kammer verschlossen und über die Elektroden ein elektrisches Feld aufgebaut.

Abbildung 3.11 Behandlung von Maiswurzeln in einem elektrischen Feld
Dargestellt sind drei Tage alte A188-Keimlinge in Elektrophorese-Kammer mit TBE-Puffer;
- = Anode; **+** = Katode

3.3.3.3 Behandlung bei Temperaturextremen

Vor allem aus älter datierten Publikationen ist bekannt, dass Pflanzen-Mikrotubuli durch Temperaturextreme depolymerisiert werden können (Sax, 1937; Dermen, 1938; Nick, 2000). Bereits 1932 konnte Randolph bei Maiskeimlingen durch Behandlung bei erhöhten Temperaturen eine Veränderung im Ploidiegrad erreichen (Randolph, 1932). Daher sollte in dieser Arbeit untersucht werden, ob die Behandlung von Maikeimlingen mit Temperaturextremen als Alternativbehandlung für Colchicin eingesetzt werden kann. Hierfür wurden drei Tage alte A188-Keimlinge sowohl bei erhöhten (Hitzeschock), als auch bei niedrigen Temperaturen (Kälteschock) inkubiert. Die genaue Vorgehensweise wird nachfolgend für die jeweiligen Temperaturextreme beschrieben.

Hitzeschock

In Abhängigkeit von der benötigten Temperatur, wurden die Keimlinge zum einen in den Kulturbechern im Dunkelinkubator inkubiert (37° C). Zum anderen wurden die Keimlinge für Behandlungstemperaturen über 37° C in den Kunststoffgefäßen in einem Wasserbad inkubiert. Die Temperaturverläufe konnten mit einem Data-Logger protokolliert und während des Experiments mittels Thermometer überprüft werden.

Kälteschock

Für Inkubationstemperaturen von 6° C - 11° C wurden die Keimlinge im Kühlschrank inkubiert. Aufgrund der Temperaturschwankungen im Kühlschrank, wurde zum Erhalt gleichbleibender Temperaturen innerhalb des Kunststoffgefäßes, dieses zusätzlich in eine Styroporbox mit Kühlakkus gestellt. Für die Behandlungstemperaturen unter 6° C wurden die Becher mit den Keimlingen in ein Kryowasserbad gestellt.

3.4 Methoden zur Erzeugung von Maispflanzen mit aufreguliertem Chromosomensatz

Die neu gewonnenen Erkenntnisse (d. h. mögliche Colchicin-Alternativen) aus den Experimenten an Maiswurzeln sollten später zur Behandlung von Maiskeimlingen eingesetzt werden. Hierfür mussten zunächst verschiedene Inkubationstechniken getestet werden, welche im Folgenden aufgelistet sind. Nach jeder Behandlung wurden die Maiskeimlinge dreimal mit dH_2O gewaschen und je nach anschließender Versuchsauswertung entweder auf Keimprüfpapier weiterkultiviert, oder in Aussaaterde gepflanzt.

3.4.1 Vorbehandlung des Maissaatguts / der Maiskeimlinge

Vor der eigentlichen Behandlung mit dem jeweiligen Mitoseinhibitor wurden zunächst verschiedene Vorbehandlungen, mit dem Ziel die Effizienz der Inhibitorbehandlung zu verbessern, durchgeführt.

3.4.1.1 Ansätze zur synchronen Keimung des Saatguts

Um einheitlichere Ergebnisse zu erzielen, wurde das Maissaatgut für unterschiedliche Dauer (24, bzw. 48 h) entweder auf mit dH_2O getränktem Keimprüfpapier oder direkt in dH_2O vorgequollen. Als weitere Synchronisationsmethode wurde das Saatgut auf Keimpapier im Kühlschrank (~6° C) inkubiert.

3.4.1.2 Verletzen

Je nach Entwicklungsstadium der zu behandelnden Keimlinge, wurden verschiedene Techniken getestet. Bei ein bis zwei Tage alten Keimlingen wurde das Perikarp um den Embryo (vgl. Abb. 3.12 a) entfernt. Bei drei bis vier Tage alten Keimlingen wurde die Sproßspitze abgetrennt (vgl. Abb. 3.12 b).

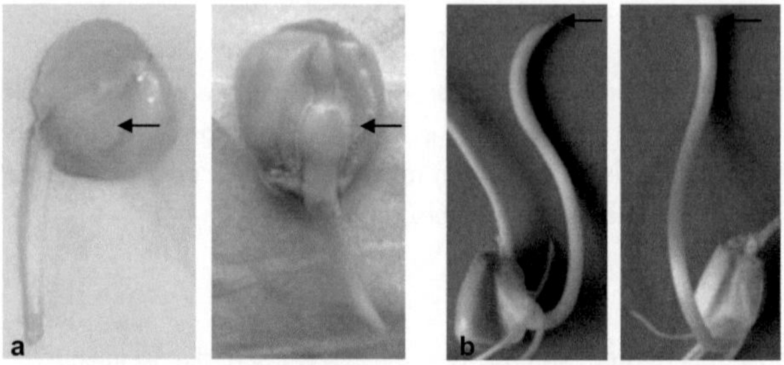

Abbildung 3.12 Verletzung von Keimlingen
a ein bis zwei Tage alte Keimlinge; b drei bis vier Tage alte Keimlinge.
Jeweils links unverletzt und rechts verletzt. Die Pfeile markieren die Stelle, an der die Keimlinge verletzt wurden.

3.4.1.3 Vakuum

Um die Inhibitoraufnahme im Zielgewebe zu erhöhen, wurden die Maiskeimlinge im jeweiligen Inhibitor nach Anlegen eines Vakuums inkubiert. Hierfür wurden die Keimlinge in mit der jeweiligen Behandlungslösung gefüllten Bechern in einen Exsikkator gestellt. Darauffolgend wurde der Exsikkator dicht verschlossen und schließlich ein Vakuum aufgebaut (vgl. Abb. 3.13). Zusätzlich konnte die Inhibitoraufnahme indirekt durch Anfärben der jeweiligen Lösung mit dem Farbstoff Brillantblau (E133) überprüft werden.

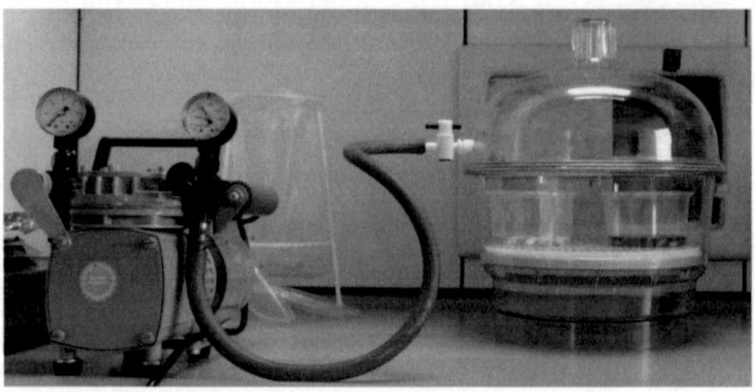

Abbildung 3.13 Vorbehandlung von Maiskeimlingen mit Vakuum

3.4.2 Behandlung von Maissaatgut

Aufgrund der Tatsache, dass später die gesamte Maispflanze Zellen mit verdoppeltem Chromosomensatz enthalten sollte, wurde versucht, das Saatgut direkt im jeweiligen Inhibitor keimen zu lassen. Hierfür wurde das Saatgut mit, oder ohne Vorbehandlung (als

Vorbehandlungen wurde das Saatgut in dH_2O vorgekeimt) auf mit Inhibitor getränktes Keimprüfpapier in Becher gelegt. Anschließend erfolgte die Inkubation im Dunkelinkubator (26° C) für die jeweilige Versuchsdauer.

3.4.3 Behandlung von Maiskeimlingen

Für die Behandlung von Maiskeimlingen kamen drei verschiedene Methoden zum Einsatz. Diese werden im Folgenden kurz dargestellt.

3.4.3.1 Inkubation auf Keimprüfpapier

Bei dieser Variante wurde wie bei der Behandlung von Maiswurzeln (Abb. 3.9) verfahren. Die Keimlinge wurden auf mit Inhibitor getränktes Keimprüfpapier (Kontakt der Ws zum Keimprüfpapier) in Becher gelegt und bei 26° C inkubiert.

3.4.3.2 Direkte Inkubation im Inhibitor - Flasche

Die Keimlinge wurden bei dieser Behandlungsvariante in Schott-Flaschen direkt in der jeweiligen Inhibitor-Lösung inkubiert. Hierbei wurde die Menge an Inhibitor so gewählt, dass alle Keimlinge komplett in der Chemikalien-Lösung eingetaucht waren. Die Flaschen wurden verschlossen und in den Dunkelinkubator (26° C) gestellt.

3.4.3.3 Direkte Inkubation im Inhibitor mit Belüftung - RITA-System

Als dritte Inkubationsmethode zur Behandlung von Maiskeimlingen wurde das RITA-System (récipient à immersion temporaire automatique, VITROPIC S.A.) gewählt. Dieses System wird eigentlich zur temporären Immersion von Explantaten in der Gewebekultur eingesetzt (vgl. Abb. 3.14 a). In der vorliegenden Arbeit wurde das System dazu verwendet, die Inhibitor-Lösung in regelmäßigen Abständen zu belüften. Ziel war hier die Vitalität der Keimlinge durch Vermeidung von teilweise anaeroben Bedingungen zu erhöhen. Bei jeder Versuchsvariante wurden die Maiskeimlinge in den unteren Teil eines RITA-Gefäßes gelegt und komplett mit Inhibitorlösung bedeckt. Die RITA-Gefäße wurden dicht verschlossen und in regelmäßigen Abständen wurde, je nach Experiment, für verschiedene Dauer Luft in die RITA-Gefäße und somit die Inhibitor-Lösung gepumpt (Abb. 3.14 b).

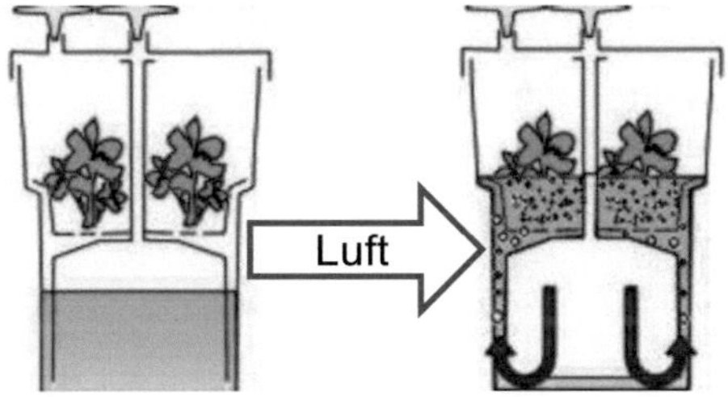

Abbildung 3.14 a Das RITA-System
Schema der eigentlichen Verwendung des RITA-Systems, verändert nach: VITROPIC S.A.

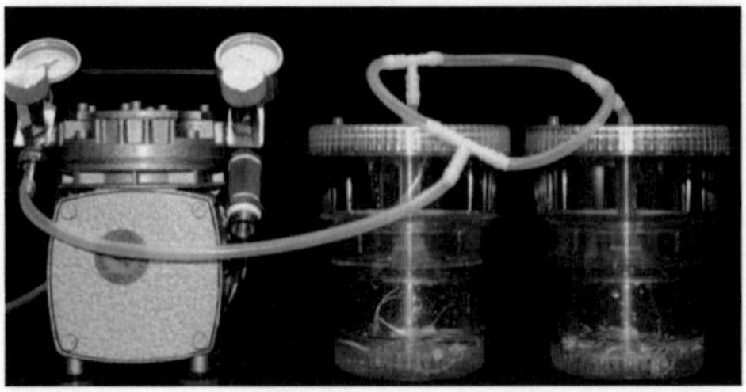

Abbildung 3.14 b Das RITA-System
Verändertes RITA-System zur „Belüftung“ der Inhibitorlösung bei Behandlung von Maiskeimlingen

3.5 Auswertung der Mitoseinhibition

Zur Bewertung der Wirkung der verschiedenen Behandlungen kamen zwei Methoden zum Einsatz. Zum einen die mehr qualitative Auswertung am Mikroskop und zum anderen die quantitative Auswertung am Durchflusszytometer. Zusätzlich kam zur Bewertung von behandelten Pflanzen noch die visuelle Charakterisierung morphologischer Veränderungen zum Einsatz.

3.5.1 Qualitative Auswertung am Mikroskop

3.5.1.1 Aufbau des Mikroskops

Für die Auswertung der Wurzelspitzenpräparate wurde ein Durchlichtmikroskop (Leitz Ortholux) verwendet (vgl. Abb. 3.15), welches zur Dokumentation der Ergebnisse über eine Filmkamera mit einem Bildschirm und Thermoprinter verbunden wurde.

Abbildung 3.15 Ortholux Mikroskop mit Kamera und Bildschirm

3.5.1.2 Herstellung von Wurzelspitzen-Präparaten

Die Maiswurzeln wurden zur Fixierung der Zellen in 3 + 1 bei -20° C ü. N. inkubiert. Hier konnten die Wurzeln bis zur Auswertung gelagert werden. Zur Herstellung von Meristem-Präparaten wurde der vorderste Teil der Wurzelspitze (leicht gelblich) mit einem scharfen Skalpell abgetrennt und auf einen Objektträger gelegt. Darauffolgend wurde ein Tropfen

Karminessigsäure (KES) auf das Präparat gegeben und der Objektträger auf einem Heizblock (~50° C) erwärmt. Die Karminessigsäure wurde kurz aufgekocht und wenn nötig ein weiterer Tropfen hinzu pipettiert. Um die Chromosomen besser anzufärben wurde eine alte Präpariernadel (Kattermann, 1930) in die aufkochende KES-Lösung gehalten. Nach kurzem Abkühlen wurde dann vorsichtig, ohne die Wurzelspitze zu verschieben, ein Deckglas aufgelegt und das Wurzelspitzenmeristem gequetscht (Daumen und Radierende eines Bleistifts). Überschüssige KES wurde mit einem Filterpapier abgesaugt und das Präparat unter dem Mikroskop begutachtet. Bei zu dicken Präparaten, d. h. zu vielen Zellschichten übereinander, erfolgte ein weiteres vorsichtiges Quetschen. Falls der Hintergrund des Präparats zu stark gefärbt war, konnte dieser durch Essigsäure (45 %) etwas entfärbt werden. Um die Chromosomen besser zu erkennen, wurde zusätzlich ein Grünfilter in den Beleuchtungsstrahlengang des Mikroskops eingeführt.

3.5.1.3 Bestimmung der Mitoserate

Zur Auswertung der qualitativen Wirkung der jeweiligen Mitoseinhibitoren wurde die Mitoserate in den Wurzelspitzenmeristemen bestimmt. Hierzu wurde das Präparat an mehreren Stellen meanderförmig betrachtet (Vergrößerung: 250 x) und jeweils die Gesamtzahl der Zellen und die Zahl der Zellen in Mitose bestimmt. Der Quotient aus Gesamtzahl der Zellen durch Zellen in Mitose ergab hier die Mitoserate. Desweiteren wurden die Zellen hinsichtlich anormaler Formen vor allem in Bezug auf die Chromosomen durchmustert.

3.5.2 Quantitative Auswertung am Durchflusszytometer

Zur quantitativen Bewertung der Wirkung einzelner Inhibitor-Behandlungen kam die Durchflusszytometrie zum Einsatz. Hier wurde der Ploidiegrad von behandelten Pflanzenteilen an einem Partec CAII Durchflusszytometer (Abb. 3.16) bestimmt.

Abbildung 3.16. Partec CAII Durchflusszytometer mit PC

3.5.2.1 Prinzip der Durchflusszytometrie

Ein Durchflusszytometer besteht aus folgenden Komponenten: Probennehmer, Messkuvette, Lichtquelle mit verschiedenen Filtern, Detektor (Photomultiplier), sowie der Datenanalyse

(Computer). Die Durchflusszytometrie kommt für vielfältige Messungen zum Einsatz, eine davon ist die im Rahmen dieser Arbeit angewandte Bestimmung des Ploidiegrades. Das Prinzip des Durchflusszytometers ist in Abbildung 3.17 schematisch dargestellt. Zellkerne der zu untersuchenden Pflanze werden aus den Zellen extrahiert und schließlich mit einem Fluoreszenzfarbstoff (DAPI, interkaliert in DNA) gefärbt. Über den Probennehmer werden die Zellkerne mit Hüllstrom (Abb. 3.17-1) umgeben und durch hydrodynamische Fokussierung (Abb. 3.17-2) einzeln durch die Messkuvette (Abb. 3.17-3) gepumpt. In der Messkuvette passieren die Zellkerne einen UV-Lichtstrahl, welcher die Fluoreszenz von DAPI anregt (Abb.3.17-4). Das von jeder Zelle emittierte Fluoreszenzsignal wird von den Detektoren gemessen und am Gerät in ein elektrisches Signal umgewandelt. Das Signal jedes Zellkerns wird in Abhängigkeit von seiner Intensität, d. h. der DNA-Menge, am Zytometer in einem bestimmten Kanal angezeigt, wodurch bei Messung mehrerer tausend Zellkerne ein Histogramm entsteht (eine typische Messung von ca. 8000 Zellen dauert ca. 2 min). Dieses Histogramm kann schließlich an einen Computer gesendet und mittels der Software Dpac genauer analysiert werden (Abb. 3.17-5) (Doležel, 1991; Ulrich & Ulrich, 1991; Yanpaisan *et al.*, 1999; Rothe, 2007).

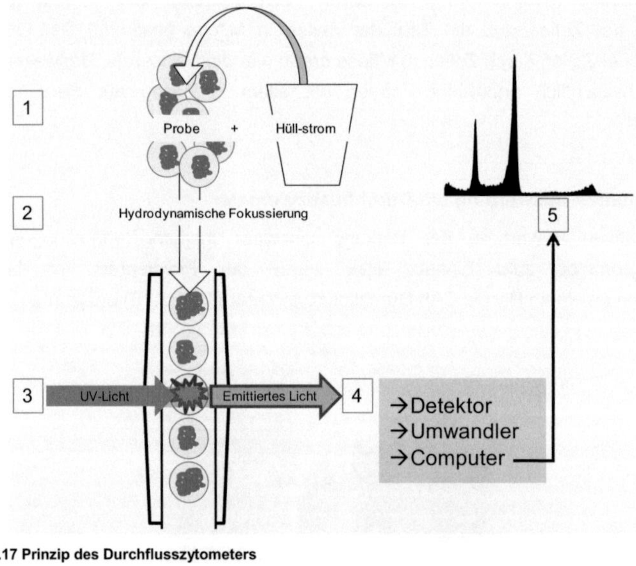

Abbildung 3.17 Prinzip des Durchflusszytometers

Mit Fluoreszenzfarbstoff angefärbte Zellkerne werden im Probennehmer mit Hüllstrom umgeben (1). Hierdurch werden die Zellkerne über hydrodynamische Fokussierung (2) einzeln durch eine Messkuvette gepumpt, wo sie den Erreger-Lichtstrahl (3) passieren. Durch Anregung des Fluoreszenzfarbstoffs emittiertes Licht wird detektiert und in elektrische Signale umgewandelt (4). Schließlich werden die Daten an einen Computer übertragen und ausgewertet (5).

3.5.2.2 Zur Bestimmung des Ploidiegrades eingesetztes Pflanzenmaterial

Aufgrund der Tatsache, dass zum einen im Zytometer keine Metaphasenchromosomen gemessen werden können (Planchais *et al.*, 2000), und zum anderen die Aufdopplungsrate bestimmt werden sollte, wurden die Pflanzen nach Behandlung mindestens für ca. 20-24 h weiter kultiviert. Je nach Versuchsaufbau und experimenteller Fragestellung wurden zur Bestimmung des Ploidiegrades verschiedene Pflanzenteile eingesetzt. Bei Verwendung von Wurzelspitzen wurde pro Pflanzen jeweils ca. 5 mm der Primärwurzel eingesetzt. Auch zur Bestimmung des Ploidiegrads mittels Sproßapikalmeristems (SAM) wurde jeweils, wie in Abbildung 3.18 dargestellt, ca. ein 5 mm großer Bereich samt SAM heraus präpariert.

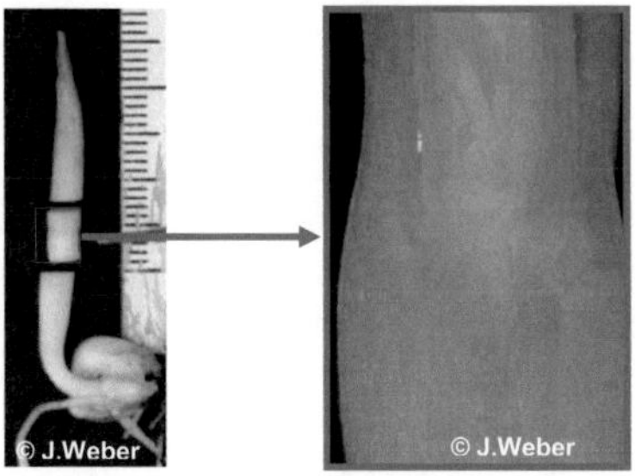

Abbildung 3.18 Darstellung des SAM-Bereichs
Links ist ein Keimling mit herauspräpariertem SAM-Bereich dargestellt;
die rechte Abbildung zeigt einen vergrößerten Querschnitt des präparierten SAM

Desweiteren kamen bei Messungen von Sproßspitzen pro Pflanze ca. 5 mm Pflanzenmaterial zum Einsatz. Wurde zur Ploidiegradbestimmung Blattmaterial eingesetzt, so wurde pro Pflanze ein ca. 1 cm^2 großes Blattstück verwendet. Bei Wurzelmessungen konnten alle Pflanzen einer Variante in einem Pool gemessen werden. Bei SAM und Sproßspitzen wurden je nach Versuchsfrage zwei bis fünf Pflanzen gepoolt gemessen. Nur bei Blattmessungen wurde jede Pflanze einzeln gemessen

3.5.2.3 Probenaufbereitung

Zum Extrahieren von Zellkernen aus Pflanzengewebe können entweder Pufferlösungen selbst hergestellt, oder als gebrauchsfertige Lösungen gekauft werden.

Aufgrund der Tatsache, dass mit selbst hergestellten Pufferlösungen laut Otto (1990) keine guten Messergebnisse erreicht werden konnten (Ergebnisse nicht dargestellt) wurden alle im Rahmen dieser Arbeit durchgeführten Messungen mittels Partec-Lösungen durchgeführt. Hier standen zwei Puffer-Varianten (beide mit DAPI als Farbstoff) zur Auswahl: zum einen Cystain UV Precise P (zweistufig mit getrennter Extraktions- und Färbelösung) und zum anderen Cystain UV Ploidy (einstufig mit Extraktions-und Färbelösung in einem Ansatz). Im Laufe der Versuche wurden beide Kits mehrere Male miteinander verglichen. Da sich hier keine signifikanten Unterschiede zwischen den Messergebnissen zeigten, wurde später, aus Gründen der einfacheren Handhabung und geringerer Kosten, nur noch der Puffer Cystain UV Ploidy verwendet, für den im Folgenden die Probenaufbereitung geschildert wird.

Die Vorgehensweise war bei allen Pflanzengeweben gleich: Das Pflanzenmaterial wurde in einer Glaspetrischale in 500 µl der Pufferlösung mittels einer scharfen Sicherheitsklinge sorgfältig (jedoch nicht länger als eine Minute, um die Zellkerne nicht zu schädigen) „zerhackt". Anschließend wurde die Extraktlösung zur Abtrennung der Pflanzenreste über einen 50 mm Celltrics-Filter (Partec) in ein Probenröhrchen überführt. Die Petrischale wurde dann mit 500 µl Pufferlösung ausgespült, welche auch über den Filter in das Probenröhrchen überführt wurden. Zuletzt wurde 1 ml der Pufferlösung zum Spülen des Filters hinzupipettiert, so dass ein Endvolumen von 2 ml Kernextrakt erhalten wurde. Je nach Probenumfang konnte das Volumen auch verringert werden (bei wenig Pflanzenmaterial z. B. nur 1 ml) bzw. konnte der Kernextrakt mit Puffer verdünnt werden.

3.5.2.4 Ablauf der Messung

Vor der eigentlichen Messung musste das Gerät zunächst kalibriert werden (Partec GmbH, 1995). Zum einen wurde die Einstellung der Lampe (Osram HBO100) vor jeder Messung überprüft (Ausleuchtung des Sichtfensters). Zum anderen konnte der Probenfluss über eine Färbelösung überprüft und falls nötig in die Mitte des Lichtstrahls platziert werden. Dann erfolgte die Feineinstellung des Gerätes mittels geeichter Fisch-Erythrozyten-Lösung (Partec). Hier wurde das Gerät so eingestellt, dass ein cv-Wert (Variationskoeffizient) unter 3, bzw. optimalerweise im Bereich bis 2 erreicht wurde. Der Variationskoeffizient hing hier von der Peakform ab, d. h. schmale und normalverteilte Peaks lieferten auch einen guten cv-Wert. Dies konnte über den gain (Verstärkung des Signals), den Probenfluss und über leichte Veränderung der Lampenausleuchtung erreicht werden. Abbildung 3.19 zeigt beispielhaft das Histogramm eines DNA-Standards, nach Justierung der Geräteeinstellung, die Peaks haben hier jeweils einen cv-Wert von 1,65 % (Peak 1) bzw. 1,92 % (Peak 2).

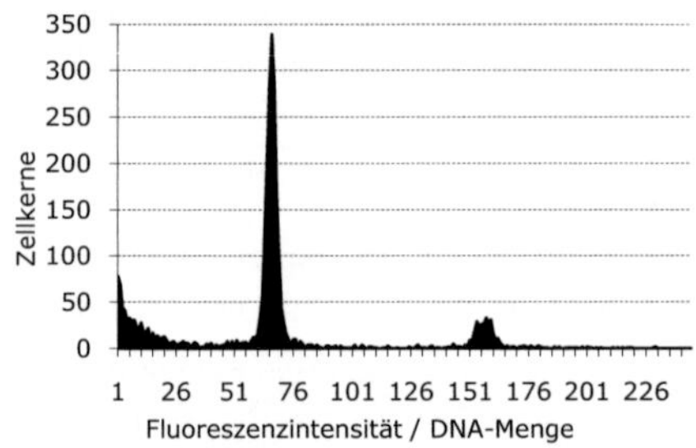

Abbildung 3.19 Histogramm des DNA-Standards nach optimaler Justierung des Gerätes
X-Achse = Fluoreszenzintensität / DNA-Menge, Y-Achse = Zellkerne

Darauffolgend wurden für den gesamten Messverlauf mittels einer unbehandelten Kontrollpflanze die Kanäle der Peaks festgelegt, d. h. der gain und der Schwellenwert und im Anschluss nicht mehr verändert. Außer bei längerer Messung (Peaks „wandern" erfahrungsgemäß durch Erhitzen des Geräts weiter nach links) konnten die Werte mittels dieser Kontrollpflanze nachjustiert werden. Gemessen wurde immer linear, d. h. bei Einstellung des ersten Peaks auf Kanal 50 wiesen Zellen, die bei Kanal 100 detektiert wurden die doppelte Menge an DNA auf. Gute Messergebnisse konnten bei einer Durchflussrate von

100 Partikeln pro s erreicht werden. Je nach Versuchsfrage wurden zwischen 1000 bis 8000 Partikel pro Probe gemessen. Nach jeder Probe wurden die Daten auf den Computer übertragen und notiert. Außerdem wurde vor jeder neuen Probe, zur Vermeidung von Falschpositiven, die Messkuvette mit ddH_2O gespült. Am Ende eines Messdurchlaufs wurden aus den Daten asci-Files erstellt, welche später mittels Excel in Histogramme umgewandelt wurden.

3.5.3 Morphologische Charakterisierung von Pflanzen, die mit Inhibitor behandelt wurden

Um bei der Behandlung von Maispflanzen einen möglichst frühen und umfangreichen Eindruck über die Wirkung einzelner Inhibitoren und Behandlungsvarianten zu bekommen, wurde die visuelle Charakterisierung von morphologischen Veränderungen hinzugezogen. Außerdem konnte hierdurch für die spätere durchflusszytometrische Messung von Blattmaterial (wenn nicht anders erwähnt) zur Verminderung des Probenumfangs eine Vorselektion von sogenannten „aufgedoppelten" Pflanzen getroffen werden. Eine „aufgedoppelte" Pflanze zeigte im Vergleich zur Negativkontrolle folgende morphologischen Merkmale (vgl. a. Abb. 3.20):

- Verdickungen im Bereich des SAM
- gestauchter Wuchs (s. a. Abb. 3.20 a + b)
- meist „wachsige" und dickere Blätter (s. a. Abb. 3.20. c)
- Zunahme der Blattbreite, jedoch Abnahme der Blattlänge

Abbildung 3.20 Morphologie von „aufgedoppelten" Pflanzen
a linker Topf Negativkontrolle; mittlerer und rechter Topf „aufgedoppelte" Pflanzen; b direkter Vergleich zwischen Negativkontrolle (links) und „aufgedoppelter" Pflanze (rechts); c „wachsiges" Blatt

3.6 Ermittlung weiterer Colchicin-Alternativen mittels Hochdurchsatz-Screening der LATCA-Bibliothek

Um neben den aus der Literatur bekannten Substanzen weitere potenzielle Colchicin-Alternativen aufzudecken, kam neben den in 3.3 und 3.4 beschriebenen Methoden zusätzlich noch ein Hochdurchsatz-Screening der LATCA-Bibliothek (vgl. 2.2.2) zum Einsatz. Dieses Hochdurchsatz-Screening von ~3600 Substanzen sollte in 96-Well Platten durchgeführt werden und lies sich schon allein aufgrund der benötigten Keimlingsanzahl und der

Keimlingsgröße nicht mit Maiskeimlingen durchführen. Um die Anzahl der möglichen Colchicin-Alternativen einzugrenzen, wurde daher zunächst *Arabidopsis thaliana* L. als Testpflanze ausgewählt. Es wurde die transgene Linie GFP::MAP4-MBD eingesetzt, die vor allem im Bereich der Wurzeln unter UV-Licht ein starkes Fluoreszenzsignal zeigt.

3.6.1 Behandlung von *A. thaliana* Keimlingen mit LATCA-Substanzen

Zum Screening der LATCA-Platten wurde Saatgut der transgenen Linie GFP::MAP4-MBD für sieben Tage in 96-Well Platten angekeimt (vgl. 3.2.2). Die Platten wurden vor Zugabe der LATCA-Substanzen unter einem Stereomikroskop begutachtet. Falls in einem Well Kontaminationen auftraten, bzw. zu wenige Keimlinge vorhanden waren, wurde auf ein Well der Spalte eins oder zwölf ausgewichen. Oder es wurden die Keimlinge, wenn nötig, vorsichtig mit einer Uhrfederpinzette gleichmäßig „umverteilt“ (d. h. aus Wells mit sehr vielen Keimlingen wurden Keimlinge in Wells mit sehr wenigen Keimlingen überführt).

Die LATCA-Platten wurden (verschlossen) unter der sterilen Arbeitsbank aufgetaut und zur Vermeidung von Kontaminationen zwischen den einzelnen Wells kurz zentrifugiert. Darauffolgend wurde je 1 µl pro Substanz (→ Endvolumen 25 µM; empfohlen von Cutler, 2008) der jeweiligen LATCA-Platte mittels Multikanal-Pipette 1:1 auf die Platte mit den *Arabidopsis*-Keimlingen übertragen (s. a. Abb. 3.21).

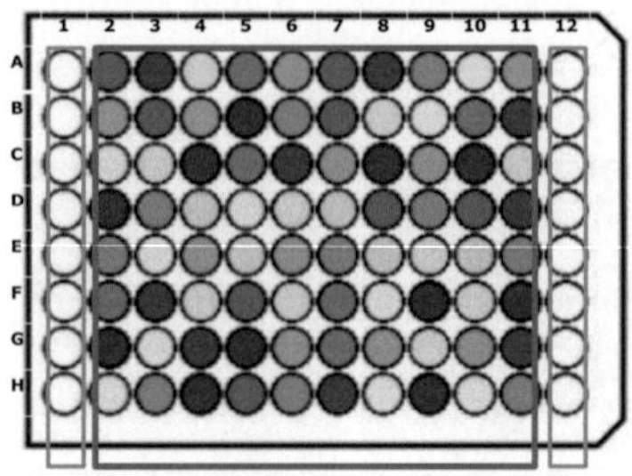

Abbildung 3.21 Pipettierschema der LATCA-Platten
Roter Kasten zeigt LATCA-Substanzen und grüne Kästen (Spalte 1 und 12) zeigen „Ausweichs“- bzw. Kontrollwells.

Die restlichen Wells (bis zu 16 Stk., wenn keine Kontaminationen auftraten und pro Well genug Keimlinge vorhanden waren) dienten als Kontrollen. Negativkontrollen waren hier zum einen Wells mit unbehandelten Keimlingen, sowie Wells, bei denen 1 µl DMSO hinzu pipettiert wurde. Als Positivkontrollen dienten Wells mit Keimlingen, die mit 25 µM Oryzalin (depolymerisiert Mikrotubuli in *Arabidopsis* Wurzeln, s. a. Baskin *et al.*, 1994) behandelt wurden. Falls eine Platte insgesamt zu wenig Keimlinge und / oder zu viele Kontaminationen aufwies, so wurde diese nicht zum Screening eingesetzt und entsorgt.

Die fertig pipettierten Platten wurden mit silver seal verschlossen und zur Verteilung der chemischen Substanzen im jeweiligen Well etwas geschüttelt. Anschließend erfolgte ein kurzer Zentrifugationsschritt, um zu gewährleisten, dass alle Keimlinge komplett mit der jeweiligen Lösung umgeben waren. Bei jeder Screeningplatte wurden die Keimlinge dann für ca. 24 h im Kulturschrank (22 ° C; 16 h Licht) inkubiert. Auch die LATCA-Platten wurden mit silver seal verschlossen, kurz zentrifugiert und bis zur weiteren Verwendung bei -80 °C gelagert.

3.6.2 Auswertung der LATCA-Platten

Als Screening-Merkmal diente das Vorhandensein (kein Effekt), bzw. das Nichtvorhandensein des Fluoreszenzsignals (Inhibition) vor allem im Bereich der Wurzelspitze. Die Abnahme, bzw. das Verschwinden des Fluoreszenzsignals diente als Indiz für eine erfolgreiche Mikrotubuli-Depolymerisation der behandelten GFP::MAP4-MBD Keimlinge und somit als Hinweis auf potenzielle Mitose-Inhibitoren. Die Auswertung der 96-Well Platten erfolgte immer ~24 h nach Zugabe der LATCA-Substanzen. Aufgrund der geringen Größe der *Arabidopsis*- Keimlinge wurde zur Detektion des GFP-Signals ein Fluoreszenzmikroskop mit geeignetem Filterset benötigt. Abbildung 3.22 zeigt vergleichend jeweils links die Ausbeute des GFP-Signals (gelb) nach Anregung und Emission mit einem Filterset, welches dafür optimiert wurde, gleichzeitig möglichst keine Chlorophyll-Fluoreszenz zu zeigen. Im rechten Bildteil ist dagegen ein Filterset dargestellt, bei dem das gesamte GFP-Signal (gelb) mittels breitem Sperrfilter angezeigt wird.

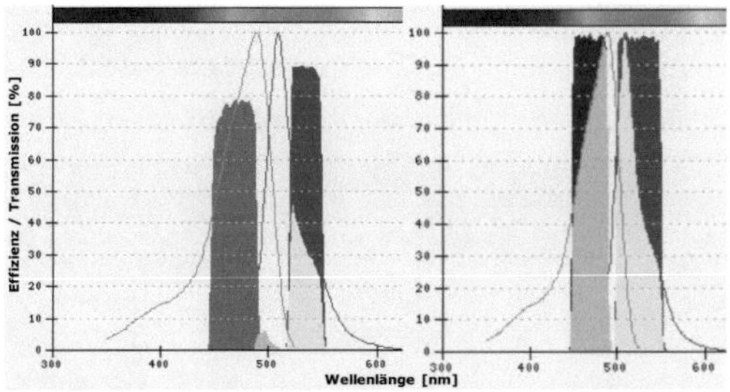

Abbildung 3.22 Vergleich der Detektion von GFP mit unterschiedlichen Filtersätzen
(verändert nach Carl Zeiss MicroImaging GmbH, 2011)
links = Schmalband-Filter mit geringer Signalausbeute; rechts = Breitband-Filter mit hoher Signalausbeute

Mit einem Breitband-Filter ist es also möglich, das ganze „Emissionsspektrum“ von GFP und somit möglichst viel des Fluoreszenzsignals der Keimlinge zu detektieren. Da ein Breitband-Filter für das Mikroskop im Institut nicht zur Verfügung stand, mussten die LATCA-Platten im Institut der Kooperationspartnerin S. Müller in Tübingen durchgeführt werden. Hier konnten außerdem mit einer mit dem Mikroskop (Filter: Leica-GFP1 Anregungsfilter 425/60 nm und Sperrfilter 480 / Breitband nm) verbundenen Kamera Livebilder der Wells hergestellt und somit die *Arabidopsis*-Keimlinge unter sichtbarem Licht und unter UV-Licht dokumentiert werden.

3.7 Untersuchung der Haploideninduktion

Die Mais-Doppelhaploidentechnik besteht, wie in 1.4 beschrieben, aus zwei Schritten, welche beide noch Optimierungspotential aufzeigen. Aufgrund der Tatsache, dass der Mechanismus der Haploideninduktion nicht genau bekannt ist (Eder & Chalyk, 2002), könnte ein besseres Verständnis dieses Mechanismus möglicherweise zu einer Verbesserung der Technik beitragen. Daher sollte neben den zuvor erwähnten Methoden, die alle zur Optimierung des zweiten Schrittes der Doppelhaploiden-Technik dienten, in einem zusätzlichen Experiment der Mechanismus der Haploideninduktion genauer untersucht werden. Der Versuchsaufbau wird im Folgenden anhand von Abbildung 3.23 genauer beschrieben. Die beschriebene Vorgehensweise konnte freundlicherweise bei S. Scholten (Universität Hamburg) erlernt werden.

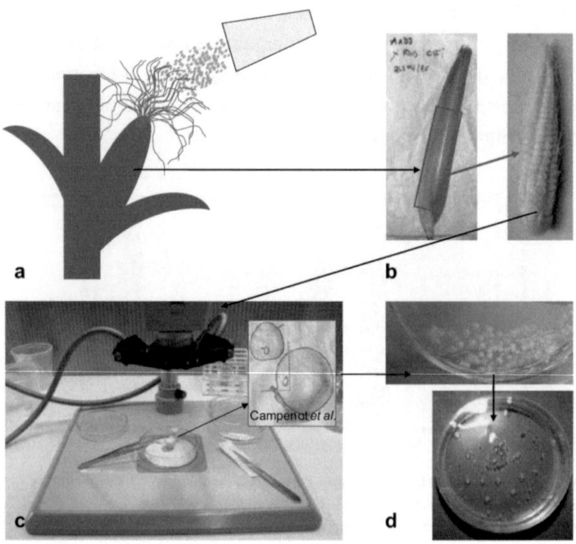

Abbildung 3.23 Untersuchung des Mechanismus der Haploideninduktion
a Bestäubung mit Pollen der transgenen Inducerlinie RWS 35S::GFP; b „Kolbenernte" 1-2 Tage nach Bestäubung; c Isolieren der „Scheibchen"; d „Scheibchen" in Mannitlösung; e isolierte „Linsen" auf Maismedium

Es wurden Kolben mit ausreichend gebildeten Narbenfäden von „kastrierten" A188-Pflanzen mit reifem Pollen der transgenen Inducerlinie RWS 35S::GFP bestäubt (Abb. 3.23 a). Als Kontrollen wurden zudem A188 Kolben (Negativkontrolle), bzw. RWS 35S::GFP Kolben (Positivkontrolle) geselbstet. Nach 24 bzw. 48 h erfolgte dann die „Kolbenernte". Die geernteten Kolben wurden gründlich mit 70 % EtOH abgewischt. Unter der sterilen Arbeitsbank wurden dann Hüllblätter und Narbenfäden entfernt (Abb. 3.23 b). Darauffolgend wurden die Kolben mit einem scharfen Skalpell in ca. 2 cm große Stücke geschnitten und hieraus pro Kornansatz das Nucellusgewebe mit Embryo isoliert (Abb. 3.23 c). Hierfür wurde je ein Kolbenstück mit Wuchsrichtung nach oben unter eine Stereolupe gelegt und mit einer Pinzette fixiert. Die restlichen Kolbenstücke wurden bis zur Verarbeitung in einem Kulturbecher gesammelt, bei dem zur Verhinderung der Austrocknung im Deckel ein befeuchtetes Stück Zellstoffpapier angeklebt war. Darauffolgend wurde pro Kornansatz jeweils mit einer scharfen Skalpellklinge, um das Gewebe nicht zu quetschen, im ~40° Winkel ein „Scheibchen" herausgeschnitten (vgl. Detail Abb. 3.23 c). Die „Scheibchen" wurden bis zur weiteren Verarbeitung mit der Schnittkante nach unten in einer Petrischale mit Mannit-Lösung (650 mM, ~730 mOsmol/L) gesammelt (Abb. 3.23 d). Aus diesen „Scheibchen" wurden schließlich mittels zweier Pinzetten „Linsen" welche das Nucellusgewebe und Embryo enthalten, isoliert und auf Platten mit Maismedium gelegt (Abb. 3.23 e).

Die isolierten Nucellus-Linsen wurden dann auf den Platten mit Maismedium bei 22° C im Kulturschrank kultiviert. Regelmäßig wurden die Explantate unter der Stereolupe mit UV-Licht betrachtet und das Vorhandensein, bzw. Nichtvorhandensein von GFP-Fluoreszenz dokumentiert.

4. Ergebnisse

Ziel der vorliegenden Arbeit war die Bestimmung von möglichen Colchicin-Alternativen die in der Doppelhaploidentechnik bei Mais eingesetzt werden können. Die im Folgenden beschriebenen Experimente lassen sich in vier Gruppen aufteilen. Im ersten Teil sind die Ergebnisse der Versuche zusammengefasst, bei denen potenzielle Colchicin-Alternativen mittels Behandlung von Maiswurzelspitzen bewertet und die Behandlungsparameter weiter optimiert wurden. Der zweite Teil beinhaltet alle Experimente, bei denen die Inkubation von Maiskeimlingen optimiert, die Alternativen aus dem ersten Teil weiter bewertet und schließlich Haploide zur Erzeugung von Doppelhaploiden mit diesen Alternativen behandelt wurden. Im dritten Teil werden die Ergebnisse eines Hochdurchsatz-Screenings dargestellt, durch welches weitere Colchicin-Alternativen bestimmt werden sollten. Im vierten und letzten Teil werden die Ergebnisse eines zusätzlichen Experimentes dargestellt, bei dem der Mechanismus der Haploideninduktion genauer untersucht werden sollte.

4.1 Ermittlung von potenziellen Colchicin-Alternativen durch Behandlung von Mais-Wurzelspitzen

Um Erkenntnisse über potenzielle Colchicin-Alternativen zu gewinnen, wurden zunächst Behandlungen am Wurzelspitzenmeristem von Maiskeimlingen durchgeführt. Die Maiskeimlinge wurden wie in 3.3 beschrieben behandelt und die Methoden zunächst qualitativ und später quantitativ bewertet. Alle, in diesem Abschnitt beschriebenen Experimente wurden mit drei Tage alten Keimlingen der Linie A188 durchgeführt.

4.1.1 Behandlungsparameter und qualitative Auswertung am Mikroskop

Es wurden Quetsch-Präparate von Wurzelspitzen am Mikroskop hinsichtlich des Auftretens unterschiedlicher Mitosestadien und vor allem Anzahl von Metaphasen (C-Mitosen) ausgewertet. In der Abbildung 4.1 werden beispielhaft Wurzelspitzenpräparate (a Negativkontrolle; b mit Mitoseinhibitor behandelt) gezeigt, die wie in 3.5.1.2 beschrieben hergestellt wurden.

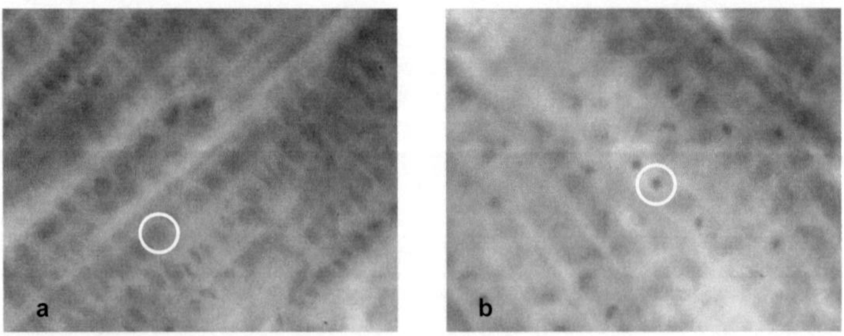

Abbildung 4.1 Quetschpräparate von Wurzelspitzenmeristemen
a Negativkontrolle; b Behandlung mit Mitoseinhibitor, Vergrößerung jeweils 250 X

Abb. 4.1 a zeigt das Quetsch-Präparat eines unbehandelten Wurzelspitzenmeristems. Typisch ist hier zum einen das Auftreten unterschiedlicher Mitosephasen und dass sich zum anderen der Großteil der Zellen in der Interphase (weißer Kreis) befindet. In Abb.4.1 b ist das Quetsch-Präparat eines Wurzelmeristems nach erfolgreicher Behandlung mit Mitoseinhibitor dargestellt. Kennzeichnend ist hier, dass sich sehr viele Zellen vor allem in der Metaphase (d. h. C-Mitose, weißer Kreis) befinden.

4.1.1.1 Bestimmung einer geeigneten Positivkontrolle

Um später Aussagen über die Effizienz einzelner Behandlungen hinsichtlich Mitoseblock und möglicher Aufdopplung des Chromosomensatzes treffen zu können, musste zunächst eine zuverlässige Positivkontrolle bestimmt werden. Hierfür wurden Wurzeln mit Hydroxychinolin (HQ) bzw. Colchicin behandelt.

Hydroxychinolin

Es wurden die Wurzelspitzen drei Tage alter Keimlinge für unterschiedliche Zeiten (1; 2; 4; 5; 6; 8; 10; bzw. 20 h) bei unterschiedlichen Temperaturen (auf Eis, im Kühlschrank, bei RT) und in verschiedenen Konzentrationen von Hydroxychinolin (0,02 bzw. 0,04 %) mit Vorbehandlung (18 h 2,5 mM Hydroxyharnstoff) bzw. ohne Vorbehandlung inkubiert.

Hierbei stellte sich heraus, dass bei keiner Behandlungsvariante mit Hydroxychinolin ausreichende Mitoseraten (d. h. v.a. C-Mitosen) erzielt werden konnten. Die Präparate von Wurzelspitzen, die mit HQ behandelt wurden zeigten teilweise nur leicht erhöhte Mitoseraten (z. B. bei Behandlung mit 0,04 % HQ: nach 2,5 h 15 %; nach 5 h 19 %; nach 10 h 20 % bzw. ü. N. 13 %), oder die Präparate waren von denen der Negativkontrolle (~ bis zu 10 % Mitosestadien) nicht zu unterscheiden. Aus diesem Grund wurde die Behandlung der Wurzeln mit Hydroxychinolin als Positivkontrolle ausgeschlossen.

Colchicin

Wurzelspitzen drei Tage alter Maiskeimlinge wurden für die Dauer von 2; 4; 6; 8; 16; bzw. 22 h in unterschiedlichen Konzentrationen von Colchicin (0,25; 0,5; 0,625; 1; 1,25; 2,5; bzw. 25 mM) inkubiert.

Bei allen Colchicinbehandlungen konnten im Vergleich zur Negativkontrolle erhöhte Mitoseraten detektiert werden. Einige Behandlungsvarianten, vor allem längere Inkubationsdauer als 8 h und / oder höhere Colchicinkonzentration als 2,5 mM konnten nicht richtig ausgewertet werden. Diese Varianten führten verstärkt zu Zellen, bei denen der Zellinhalt, bzw. die Chromosomen wie aufgequollen oder „zerfressen“ aussahen, bzw. auf den ersten Blick Zellen in Interphase glichen. Abbildung 4.2 zeigt im Vergleich ein Präparat von Wurzelspitzen nach Behandlung mit etwas zu hoher Colchicinkonzentration von 2,5 mM (a) bzw. mit deutlich zu hoher Konzentration von 25 mM Colchicin (b). Bei andeutungsweise zu hoch konzentriertem Colchicin sind teilweise noch „normale“ C-Mitosen zu erkennen (weißer Kreis) und teilweise schon Zellen mit aufgequollenem Inhalt (roter Kreis). Betrachtet man dagegen die Zellen mit deutlich zu hoch gewählter Inhibitorkonzentration, so können nur noch Zellen mit aufgequollenem Inhalt bzw. solche Zellen detektiert werden, die Interphasezellen ähneln.

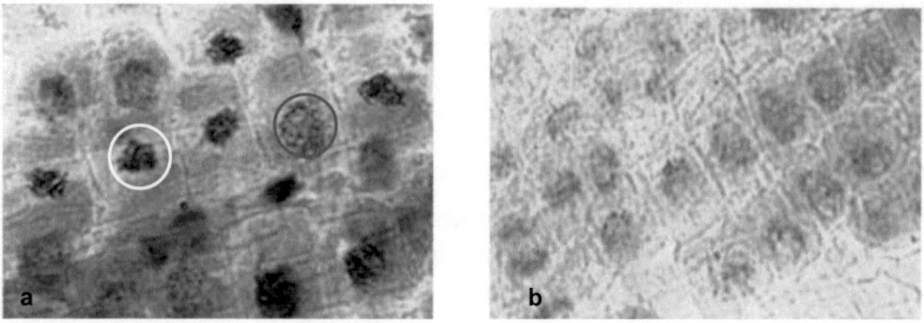

Abbildung. 4.2 Mikroskopische Präparate von Zellen nach Inibitorbehandlung
Zellen nach Behandlung mit a 2,5 mM Colchicin; bzw. b 25 mM Colchicin
Vergrößerung jeweils 400 X

Aufgrund der Tatsache, dass die Werte der Mitoseraten zwischen den Präparaten und auch innerhalb eines Präparats stark schwankten, dienten diese Werte nur zur Orientierung. Abb 4.3 zeigt beispielhaft den Vergleich zwischen Präparaten unbehandelter Wurzeln und Präparaten von Wurzeln die mit 0,5 bzw. 1 mM Colchicin behandelt wurden. Hierbei wurde einmalig von je ca. 400 Zellen die Mitoserate bestimmt. Es lässt sich ein Trend hin zu achtstündiger Inkubation in 1 mM Colchicinlösung erkennen.

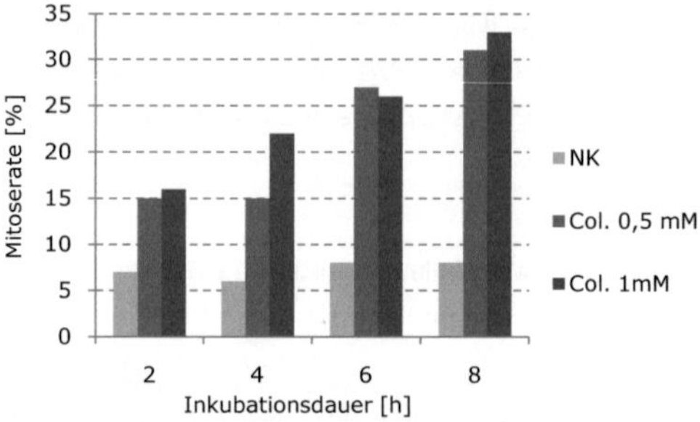

Abbildung 4.3 Vergleich der Mitoseraten bei unbehandelten und mit Colchicin behandelten Wurzeln
X-Achse = Inkubationsdauer [h], y-Achse = Mitoserate [%],
grün = Negativkontrolle, hellrot = 0,5 mM Colchicin, dunkelrot = 1 mM Colchicin

Nach Betrachtung mehrerer Präparate der verschiedenen Behandlungsvarianten vor allem zwischen 1 mM und 2,5 mM Colchicin für 4, bzw. 8 h zeigte sich letztendlich, dass die höchsten Mitoseraten und somit meisten Zellen mit sogenannten C-Mitosen bei einer Behandlungsdauer von acht Stunden in 1,25 mM konzentriertem Colchicin erreicht wurden. Diese Bedingungen wurden daher in den folgenden Experimenten (außer anders erwähnt) als Positivkontrolle festgelegt.

Als weiteres Merkmal für die Funktionalität der Positivkontrolle Colchicin konnte bei behandelten Keimlingen eine starke Verdickung im Bereich der Wurzelspitze detektiert werden. Die Abbildung 4.4 zeigt eine unbehandelte Wurzel (a) und im Vergleich dazu eine Wurzel, die nach Colchicinbehandlung (b) eine starke Verdickung aufweist.

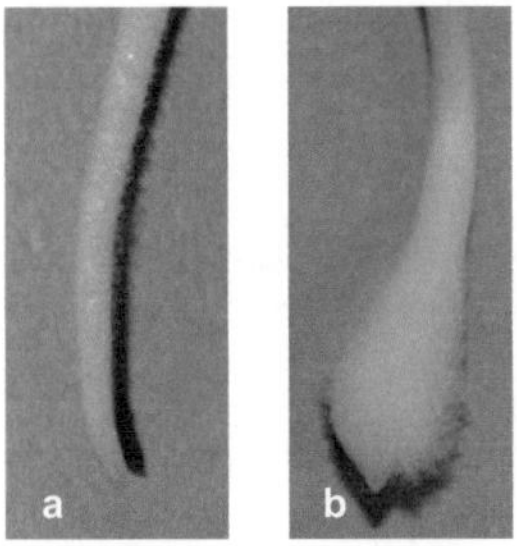

Abbildung 4.4 Wurzelspitzen nach Behandlung
a Negativkontrolle; b nach Behandlung mit Colchicin

4.1.1.2 Qualitative Bewertung der potenziellen Alternativ-Chemikalien und Bestimmung der optimalen Inkubationsbedingungen

Ziel dieser Versuchsreihe war die Beurteilung der möglichen Alternativ-Chemikalien im Hinblick auf das Potenzial zur Mitoseinhibition verglichen mit den Kontrollen (ddH_2O, bzw. Colchicin). Desweiteren sollten für jede Chemikalie die optimalen Behandlungsparameter durch qualitative Bestimmung des Mitoseblocks festgelegt werden. Hierfür wurden drei Tage alte Keimlinge wie in 3.3.2 beschrieben mit den Chemikalien unter den nachfolgend aufgelisteten Bedingungen behandelt:

- APM (für 4; 6; 8 h; bzw. 16 h in 2; 2,5; 5; 10; 20; 40; 80; bzw. 200 µM)
- Griseofulvin (für 4; bzw. 8 h in 25; 50; 60; 70; 80; 100; bzw. 200 µm)
- Koffein (für 5; bzw. 8 h in 2,5; 5; bzw. 10 mM)
- Oryzalin (für 4; bzw. 8 h in 2,5; 5; 10; 20 µM)
- Pronamid (für 8 h in 5; 10 bzw. 20µM)
- Trifluralin (für 8 h in 2,5; 5; 10; 20; 40; bzw.80 µM)
- Kontrollen (ddH_2O und 1,25 mM Colchicin)

Durch Auswertung von Quetsch-Präparaten behandelter Wurzeln ließen sich für jede Chemikalie die Bedingungen bestimmen, welche die höchsten Mitoseraten mit den wenigsten Anteilen an abnormen Zellen (vgl. Abb. 4.2) aufwiesen. Diese Ergebnisse, das heißt die Behandlungsoptima für einzelne Chemikalien, sowie deren Effizienz im Hinblick auf Mitoseraten sind in Tabelle 4.1 aufgelistet. Zusätzlich wurde dokumentiert, welche Chemikalien, wie die Positivkontrolle Colchicin, zu Verdickungen im Bereich der Wurzelspitzen behandelter Maiskeimlinge führten (Vgl. auch Abb. 4.4 b). Nach Behandlung mit Griseofulvin und Koffein konnten auch unter optimalen Bedingungen (80 µM bzw. 5 mM) nur relativ geringe Anzahlen von C-Mitosen detektiert werden. Im Gegensatz dazu führten die

Herbizide APM, Oryzalin, Pronamid und Trifluralin (zwischen 10 µM und 40 µM) alle zu erhöhten Mitoseraten in behandelten Wurzelmeristemen. Jedoch kam es bei diesen Chemikalien, wie schon bei der Positivkontrolle Colchicin beschrieben, bei höheren Konzentrationen bzw. längeren Inkubationsdauern, als die als Optimum fest-gelegten Werte zu „abnormen Zellen“ (vgl. auch Abb. 4.2). Desweiteren zeigte sich, dass nur eine Behandlung mit den Herbiziden zu Wurzelverdickungen (vgl. Abb. 4.4 b) führte. Alle Chemikalien zeigten, wie auch die Positivkontrolle, die besten Werte bei einer Inkubationsdauer von acht Stunden.

Tabelle 4.1 Ergebnisse der qualitativen Auswertung von Chemikalienbehandlungen

Chemikalie	Optimale Bedingungen	Mitoserate	Wurzelverdickungen
APM	8 h, 40 µM	++	+
Griseofulvin	8 h, 80 µM	+/-	-
Koffein	8 h, 5 mM	+/-	-
Oryzalin	8 h, 20 µM	++	+
Pronamid	8 h, 10 µM	++	+
Trifluralin	8 h, 40 µM	++	+

4.1.1.3 Qualitative Bewertung der physikalischen Methoden und Bestimmung der optimalen Inkubationsbedingungen

Neben den Chemikalien wurden auch die physikalischen Methoden qualitativ im Hinblick auf das Potential als Mitoseinhibitor zu wirken, bewertet. Es wurden drei Tage alte Keimlinge wie in 3.3.3 beschriebenen unter den nachfolgenden Bedingungen inkubiert:

- Druck (1; 2; 4; 8; 16; 32 h bzw. 3 d bei 4 bar)
- Elektrisches Feld (2; 10; 15; 20; 30 min bzw. 5,5 h bei 100 bzw. 300 V)
- Hohe Temperatur (5; 10; 15; 20; 30; 40 min bzw. 1; 2; 8; 16 h bei 37; 40; bzw. 45° C
- Niedrige Temperatur (8; 16h bzw. 3; 5d bei 2; 4; bzw. 11°C)
- Hohe + niedrige Temperatur (20 bzw. 40 min bei 37° C + 3 d bei 6° C; bzw. für 3 d bei 6° C + 20 bzw. 40 min bei 37° C)
- Kontrollen (ddH_2O und 1,25 mM Colchicin)

Nach Auswertung von Quetsch-Präparaten zeigten die Wurzelspitzenmeristeme weder nach Anwendung von erhöhtem atmosphärischem Druck, noch nach Inkubation in einem elektrischen Feld einen erhöhten Anteil an Zellen in Metaphase. Bei der Behandlung mit elektrischem Strom sind die Keimlinge abgestorben. Auch eine Behandlung bei einer Temperatur von 37° C führte nicht zu einer Erhöhung der Mitoserate. Die Präparate der

Wurzeln, die bei höheren Temperaturen (40° C) behandelt wurden, konnten aufgrund von abnormen Zellen nicht genau bewertet werden. Daher wurde dieses Experiment zusätzlich noch mittels Durchflusszytometer im Hinblick auf den Anteil der Zellen mit 2, 4 bzw. 8 C-Gehalt ausgewertet (vgl. 4.1.2.2).

Die einzige physikalische Methode, die zu einem detektierbaren Anstieg der Mitoseraten führte, war die Behandlung bei niedrigen (2 - 6° C) Temperaturen. Hier zeigten alle Keimlinge eine Wachstumsverzögerung und in seltenen Fällen konnten auch Wurzelverdickungen festgestellt werden.

4.1.2 Quantitative Bewertung der möglichen Alternativ-Behandlungen aus 4.1.1

In 4.1.1 wurde die Wirkung der Chemikalien und der physikalischen Methoden qualitativ bewertet und die optimalen Behandlungsparameter anhand von Mitoseindex und Auftreten abnormer Zellen ermittelt. Um eine bessere Aussagekraft zu erreichen, sollten diese Ergebnisse außerdem mittels quantitativer Messung des Ploidiegrades behandelter Wurzelspitzen am Durchflusszytometer bestätigt werden. Hierfür wurden bei jeder zu testenden Inhibitorbehandlung je zehn Maiskeimlinge mindestens in drei unabhängigen Experimenten behandelt und im Anschluss pro Variante je ein Pool der zehn Wurzelspitzen gemessen. Pro Probe wurden 8000 Partikel gemessen und die Anteile der Zellen mit dem jeweiligen C-Gehalt dokumentiert. In Abbildung 4.5 werden beispielhaft Histogramme von A188 Wurzeln dargestellt, wie sie bei der Negativkontrolle, d. h. nicht erfolgtem Mitoseblock (Abb. 4.5 a) bzw. bei der Positivkontrolle (Colchicin) und somit erfolgreichem Mitoseblock auftraten (Abb. 4.5 b). Die Pfeile weisen jeweils auf den Chromatingehalt der Zellen (2; 4; bzw. 8 C) hin.

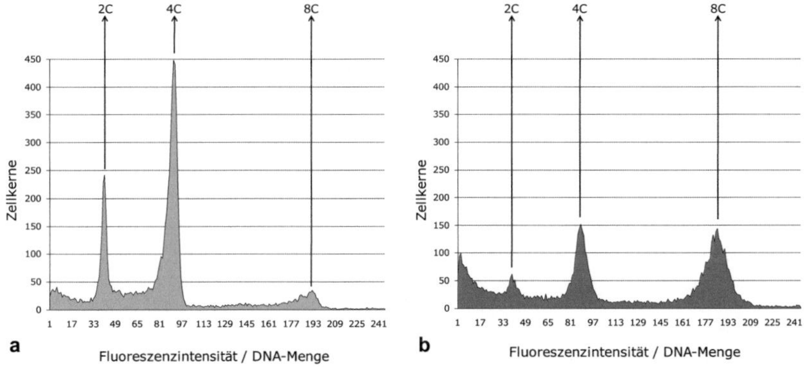

Abbildung 4.5 Beispiele für die durchflusszytometrische Bestimmung des DNA-Gehalts in Mais-Wurzelspitzen
a Negativkontrolle = kein erfolgter Mitoseblock; b Positivkontrolle = erfolgreicher Mitoseblock
X-Achse = Fluoreszenzintensität / DNA-Menge, Y-Achse = Zellkerne

Aufgrund der Tatsache, dass es sich um die Messung von Meristemen und somit Zellen im Zellzyklus und desweiteren um einen Pool von je zehn Wurzeln handelt ist das Auftreten von

Zellen mit unterschiedlichem C-Gehalt typisch. Erwartet wurde bei nicht erfolgter Aufdopplung des Chromosomensatzes ein Verteilungsmuster wie in Abbildung 4.5 a, d. h. Zellen mit 2 C (nach Mitose), bzw. Zellen mit 4 C (nach Synthesephase bzw. vor Mitose). Hier wurden keine Zellen mit 8 C-Gehalt erwartet, der Peak lässt sich als Hintergrundrauschen erklären, bzw. kam zustande, wenn zwei Zellen mit 4 C-Gehalt gleichzeitig den Lichtstrahl passierten. Bei erfolgreicher Verdopplung des Chromosomensatzes wurde ein Histogramm wie in Abbildung 4.5 b erwartet, bei dem vor allem Zellen mit 4 C-Gehalt (= Mischung aus Zellen mit verdoppeltem Chromosomensatz nach Mitose und Zellen mit nicht verdoppeltem Chromosomensatz nach Synthesephase) und Zellen mit 8 C-Gehalt (= Zellen mit verdoppeltem Chromosomensatz nach Synthesephase, bzw. vor Mitose) auftraten. Der Peak der Zellen mit 2 C-Gehalt wurde erwartet, da es sich zum einen um nicht synchronisierte Zellen und zum anderen um Zellen unterschiedlicher Wurzeln handelte, jedoch sollte er deutlich geringer ausfallen, als bei der Negativkontrolle.

4.1.2.1 Chemikalien

Alle Chemikalien führten, wie in 4.1.1.2 beschrieben, zu einem leichten (Griseofulvin und Koffein) bzw. deutlichen (APM, Oryzalin, Pronamid und Trifluralin) Anstieg des Mitoseindex im Meristem behandelter Maiswurzeln. Daher wurden für die quantitative Bestimmung der Effizienz alle Chemikalien weiter untersucht. Es wurden in den drei Durchläufen jeweils zehn drei Tage alte Keimlinge pro Variante (Kontrollen und Chemikalien) unter den aus 4.1.1.2 als optimal bestimmten Bedingungen für 8 h behandelt. Vor der jeweiligen Messung am Zytometer erfolgte nach Beendigung der Inhibitorbehandlung eine ca. 22 h dauernde Regenerationsphase.

Um einen besseren Überblick über die Ergebnisse zu erhalten, wurde auf die Darstellung einzelner Histogramme verzichtet. Stattdessen wurden die Messungen der drei Versuchsdurchläufe zusammengefasst und jeweils der Mittelwert des Anteils der Zellen mit jeweiligem C-Gehalt als Balkendiagramm in Abbildung 4.6 dargestellt.

Betrachtet man den Anteil der Zellen mit 8 C-Gehalt und vergleicht die Chemikalien mit den Kontrollen (Negativkontrolle: 8 %; Positivkontrolle: 37 %) so zeigt sich, dass alle Chemikalien mit Ausnahme von Griseofulvin (11 %) zu einer deutlichen Erhöhung des Anteiles der Zellen mit 8 C-Gehalt führten. Bei den Behandlungen mit Koffein und Trifluralin zeigten im Durchschnitt 20 %, bzw. 22 % der Zellen einen 8 C-Gehalt. Am deutlichsten war die durchschnittliche Zunahme der Zellen mit 8 C-Gehalt bei den Behandlungen mit den Herbiziden APM (31 %); Oryzalin (35 %) und Pronamid (32 %).

Bei genauerer Betrachtung der Verteilung der Zellen mit jeweiligem C-Gehalt weisen außerdem die drei Herbizide APM, Oryzalin und Pronamid ein ähnliches Verteilungsmuster der Zellen (d. h. niedrige Anteile mit 2 C- und 4 C- Gehalt und hohe Anteile mit 8 C-Gehalt) wie die Positivkontrolle Colchicin auf, weshalb diese Substanzen für die weiteren Versuche als mögliche Colchicin-Alternativen in Betracht gezogen wurden.

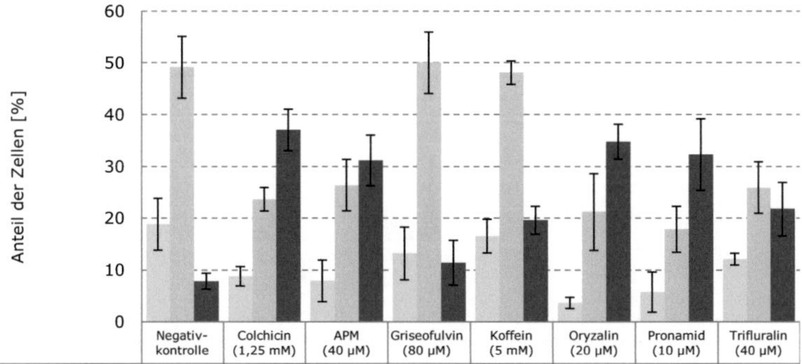

	Negativ-kontrolle	Colchicin (1,25 mM)	APM (40 µM)	Griseofulvin (80 µM)	Koffein (5 mM)	Oryzalin (20 µM)	Pronamid (10 µM)	Trifluralin (40 µM)
Anteil der Zellen mit 2C [%]	19	9	8	13	17	4	6	12
Anteil der Zellen mit 4C [%]	49	24	26	50	48	21	18	26
Anteil der Zellen mit 8C [%]	8	37	31	11	20	35	32	22

Abbildung 4.6 Quantitative Auswertung der Behandlung von Maiswurzeln mit potenziellen Colchicin-Alternativen

X-Achse = Behandlungsvarianten, Y-Achse = Anteil der Zellen [%]

4.1.2.2 Physikalische Methoden

Nur solche physikalische Methoden, die bei der Auswertung am Mikroskop einen Mitoseblock zeigten, bzw. nicht am Mikroskop bewertet werden konnten, wurden auch am Durchflusszytometer bewertet.

Behandlung bei 40° C

Wie in 4.1.1.3 geschildert, konnten die Behandlungen der Maiskeimlinge bei 40° C nicht am Mikroskop ausgewertet werden, daher erfolgte hier auch eine Messung am Durchflusszytometer. Hierbei lieferten die Behandlungsvarianten (5; 10; 20; bzw. 40 min bei 40° C) alle annähernd die gleichen Werte (s. a. Abb. 4.7 a). In Abbildung 4.7 b ist exemplarisch das Histogramm einer Behandlung bei 40° C (20 min) dargestellt. Aus den Balkendiagrammen und dem Histogramm lässt sich erkennen, dass die Behandlung der Keimlinge bei 40° C im Vergleich zur Negativkontrolle keine Erhöhung der Zellzahl mit 8 C-Gehalt bewirken konnte und das Verteilungsmuster der Zellen mit unterschiedlichem C-Gehalt dem der Negativkontrolle gleicht.

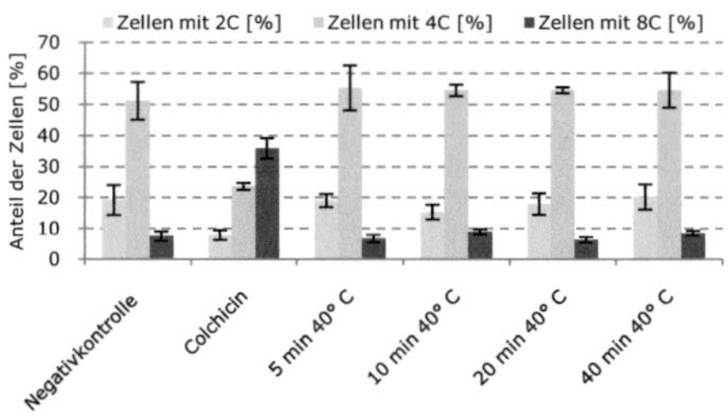

Abbildung 4.7 a Durchflusszytometrische Ergebnisse der Behandlung mit hohen Temperaturen

Anteile der Zellen mit jeweiligem C-Gehalt, X-Achse = Behandlungsvarianten, Y-Achse= Anteil der Zellen [%]

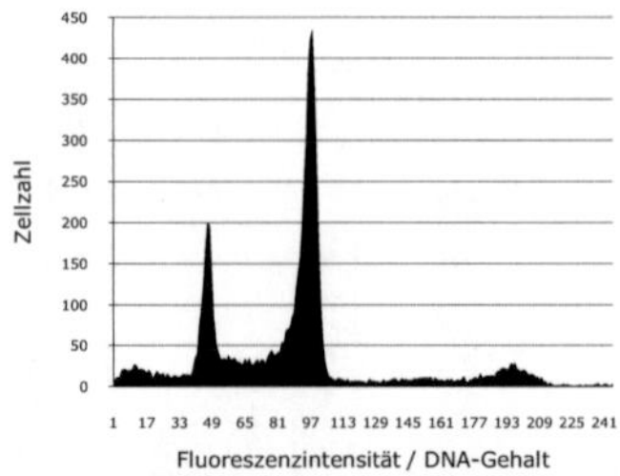

Abbildung 4.7 b Durchflusszytometrische Ergebnisse der Behandlung mit hohen Temperaturen
exemplarisches Histogramm nach Behandlung für 20 min bei 40° C, X-Achse = Fluoreszenzintensität / DNA-Gehalt, Y-Achse = Zellkerne

Kälte

Durch Auswertung von Wurzelspitzenpräparaten am Mikroskop zeigte die Behandlung von drei Tage alten Keimlingen bei niedrigen Temperaturen zwischen 2 und 6° C teilweise einen Anstieg der Mitoserate. Um auch hier genauere Aussagen über die quantitative Wirkung treffen zu können, wurden diese Experimente zusätzlich am Durchflusszytometer ausgewertet.

Die Ergebnisse der Messungen bei einer Kältebehandlungen von drei Tagen (Abb. 4.8) zeigten teilweise einen leichten Anstieg des Anteils der Zellen mit 8 C-Gehalt (im Schnitt: bei 4° C 14 % und bei 6° C 16 %). Doch auch hier glich das Verteilungsmuster der Anteile der Zellen mit unterschiedlichen C-Gehalten stark dem der Negativkontrolle (Abb. 4.8. a und Abb. 4.8 b links). Desweiteren konnten die längeren Inkubationszeiten (vor allem aufgrund technischer Probleme mit dem Zytometer) nicht genau ausgewertet werden. Jedoch konnten bei genauerer Betrachtung der Keimlinge keine weiteren Verdickungen im Bereich der Wurzeln detektiert werden und nach mehrtägiger Kälteinkubation waren die Maiskeimlinge nicht mehr sehr vital. Außerdem zeigte z. B. auch eine Messung nach dreitägiger Inkubation bei 4° C ein Histogramm typisch für Aneuploide, d. h. Zellen, bei denen nicht der gesamte Chromosomensatz verdoppelt wurde (Abb. 4.8 b rechts).

Aufgrund dieser Ergebnisse, d. h. keine gute Effizienz der Aufdopplung bzw. kein vollständiger Mitosestopp bei längerer Inkubation, sowie eine verringerte Vitalität der Keimlinge, wurde auch diese physikalische Methode nicht weiter als Colchicin-Alternative in Betracht gezogen.

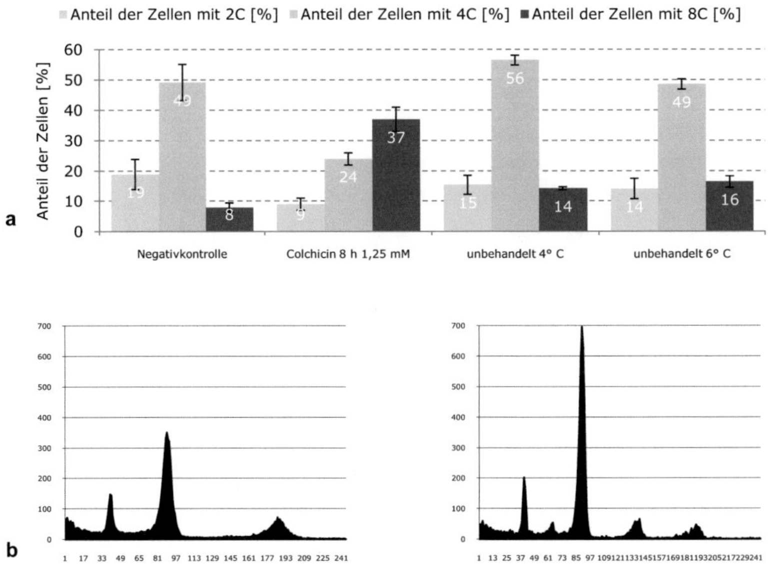

Abbildung 4.8 Quantitative Bewertung der Behandlung bei niedrigen Temperaturen
a Verteilung der Zellen mit jeweiligem C-Gehalt, X-Achse = Kontrollbehandlungen (ddH_2O, bzw. 1,25 mM Colchicin) und Kältebehandlungen (bei 4° C, bzw. 6° C); Y-Achse = Anteil der Zellen [%]
b Beispielhistogramme: links = „typisches" Histogramm nach Kältebehandlung (6° C); rechts „atypisches" Histogramm nach Kältebehandlung (mit aneuploiden Zellen), X-Achse = Zellzahl, Y-Achse Fluoreszenzintensität / DNA-Gehalt

4.1.3 Optimierungsversuche

Die Ergebnisse der vorangegangenen Versuche zeigten, dass die Herbizide APM, Oryzalin und Pronamid bei Behandlung von Maiswurzeln eine ähnlich starke mitosehemmende Wirkung wie Colchicin erzeugten. In den folgenden Experimenten wurde nun versucht, die Effizienz dieser drei Chemikalien über unterschiedliche Ansätze zu erhöhen. Da diese Chemikalien im Vergleich mit Colchicin ein ähnliches Verteilungsmuster der Zellen mit unterschiedlichen C-Gehalten lieferten, wird in den folgenden Grafiken, außer bei den Ergebnissen der Synchronisationsexperimente, nur noch auf den Anteil der Zellen mit 8C-Gehalt näher eingegangen.

4.1.3.1 Optimale Konzentration und optimale Inkubationszeit

Aufgrund der Tatsache, dass die optimalen Inkubationsparameter durch mikroskopische Auswertungen festgelegt wurden, sollten zunächst verschiedene Konzentrationen und Inkubationsdauern für jede Chemikalie (Positivkontrolle eingeschlossen) quantitativ ausgewertet werden. In Abbildung 4.9 sind die Mittelwerte der Zellen mit 8 C-Gehalt aus je drei Messungen für die Konzentrationsvarianten und in Abbildung 4.10 die Zeitvarianten grafisch dargestellt.

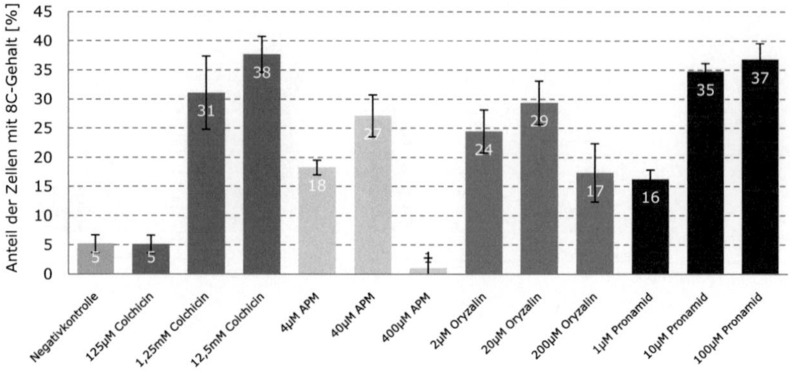

Abbildung 4.9 Quantitative Analyse verschiedener Inhibitor-Konzentrationen
X-Achse = Behandlungsvarianten: grün = Negativkontrolle; rot = Colchicinbehandlungen; hellblau = APM-Behandlungen; mittelblau = Oryzalinbehandlungen; dunkelblau = Pronamidbehandlungen, Y-Achse = Anteil der Zellen mit 8 C-Gehalt [%]

Es lässt sich erkennen, dass die bisher als optimal angenommenen Behandlungsparameter im Großen und Ganzen bestätigt werden konnten. Die einzigen Ausnahmen bei den Konzentrationsvarianten traten hier bei der Positivkontrolle Colchicin und bei der Behandlung mit Pronamid auf. Bei Colchicin zeigte die Messung von Wurzeln, die mit 12,5 mM behandelt wurden, einen leicht erhöhten Anteil an 8 C-Zellen. Die mikroskopische Auswertung bei dieser Konzentration zeigte jedoch einen erhöhten Anteil an abnormen Zellen. Das Gleiche gilt beim Vergleich von Wurzeln, die mit 10 bzw. 100 µM Pronamid behandelt wurden. Auch hier erwies sich die niedrigere Konzentration als effizienter vor allem im Hinblick auf das Auftreten von abnormen Zellen.

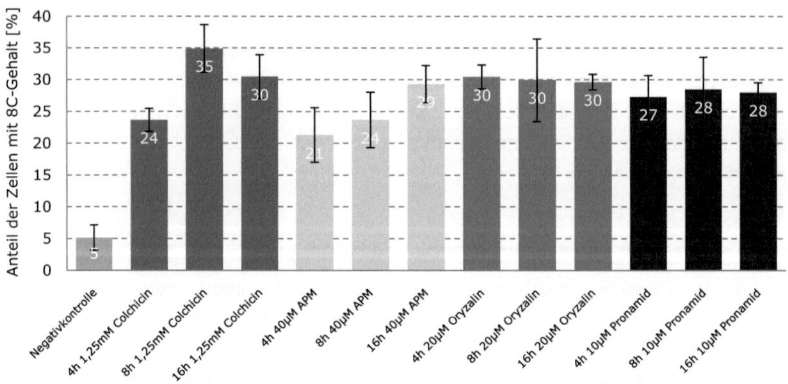

Abbildung 4.10 Quantitative Analyse verschiedener Inkubationszeiten
X-Achse = Behandlungsvarianten: grün = Negativkontrolle; rot = Colchicinbehandlungen; hellblau = APM-Behandlungen; mittelblau = Oryzalinbehandlungen; dunkelblau = Pronamidbehandlungen, Y-Achse = Anteil der Zellen mit 8 C-Gehalt [%]

Beim Vergleich der verschiedenen Inkubationsdauern war die einzige Abweichung vom Optimum bei APM zu erkennen (höchster Wert bei 16 h Inkubation). Jedoch ist auch hier zu erwähnen, dass bei der mikroskopischen Auswertung bei einer Inkubation von 16 h mehr abnorme Zellen, als bei einer Inkubation von 8 h auftraten.

Im Hinblick auf Konzentration und Inkubationsdauer konnten für die Behandlung von Wurzelspitzen jeweils die Aussagen der mikroskopischen Auswertung bestätigt und somit für jede Chemikalie die optimalen Inkubationsbedingungen erreicht werden.

4.1.3.2 Zugabe von Detergenzien

Es wurde der Ansatz verfolgt, die Aufnahme der Chemikalien in das Wurzelspitzenmeristem durch eine Zugabe von Detergenz zu erhöhen, um somit eine mögliche Steigerung der Effizienz der Chemikalien zu erzielen.

Hierfür wurden drei Tage alte Keimlinge mit den Kontrollen (ddH_2O, bzw. 1,25 mM Colchicin) sowie den Chemikalien APM (40 µM); Oryzalin (20 µM) und Pronamid (10 µM) jeweils mit und ohne Zugabe von Tween©20 für 8 h behandelt. In Abbildung 4.11 sind jeweils pro Variante aus drei Versuchsdurchläufen die Mittelwerte des Anteils der Zellen mit 8 C-Gehalt dargestellt. Beim Vergleich der einzelnen Werte war zu erkennen, dass sich durch die Zugabe von Tween©20 keine Steigerung der Effizienz der einzelnen Chemikalien erzielen lies. Bei Colchicin, APM und Oryzalin waren die Werte ohne Zugabe von Detergenz jeweils höher. Bei Pronamid wurden mit und ohne Zugabe von Detergenz die gleichen Werte erreicht, jedoch zeigten diese bei Tween©-Zusatz eine höhere Standardabweichung. Auch der Wert bei der Negativkontrolle mit Zugabe von Detergenz lag noch im Bereich der „normalen" Abweichung (Werte bis ~10 % wurden häufig für die Negativkontrolle detektiert).

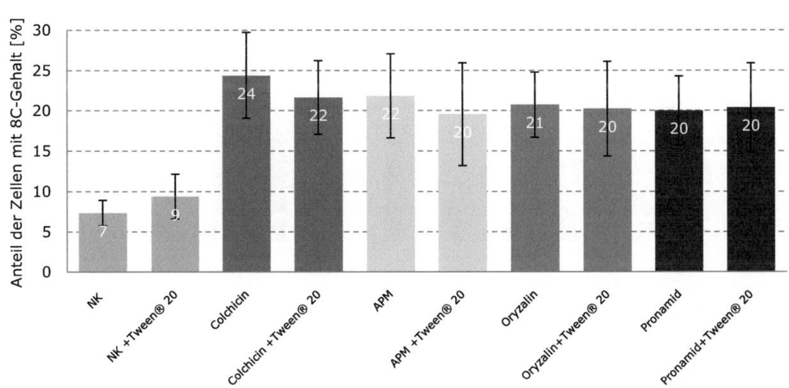

Abbildung 4.11 Vergleich Inhibitor +/- Tween®20

X-Achse = Behandlungsvarianten: grün = Negativkontrolle; rot = Colchicinbehandlungen; hellblau = APM-Behandlungen; mittelblau = Oryzalinbehandlungen; dunkelblau = Pronamidbehandlungen, Y-Achse = Anteil der Zellen mit 8 C-Gehalt [%]

Das Experiment wurde außerdem noch mit dem Lösungsmittel DMSO (1 %) durchgeführt. Da auch hier keine Erhöhung der Zellen mit 8 C-Gehalt erreicht werden konnte, wurde auf die Darstellung der Daten an dieser Stelle verzichtet.

Es konnte bei Behandlung von Wurzelspitzen keine Erhöhung der Effizienz der einzelnen Chemikalien durch Zugabe von Detergenz erreicht werden.

4.1.3.3 Synchronisation

Aufgrund der Tatsache, dass Hydroxyharnstoff (HU) Zellen im Zellzyklus stoppen und somit synchronisieren kann, wurden drei Tage alte Keimlinge vor dem Mitoseblock mit HU behandelt. Ziel war es, die Zellen zu synchronisieren, um die Ausbeute des Mitoseblocks, d. h. die Effizienz des Mitoseinhibitors zu erhöhen. In diesem Versuch wurden zwei Hydroxyharnstoff-Konzentrationen getestet (2 µM und 2 mM HU) und der Mitoseblock mit den Kontrollen (ddH_2O und Colchicin), sowie stellvertretend für die drei Herbizide mit Pronamid durchgeführt. Zunächst wurden die Maiskeimlinge für 18 h in ddH_2O; 2 µM HU, bzw. 2 mM HU inkubiert. Nach einem vierstündigen Recovery-Schritt erfolgte dann ein vierstündiger Mitoseblock. Zusätzlich wurden als Referenz Keimlinge ohne HU-Behandlung startend mit dem vierstündigen Recovery-Schritt für 8 h mit den Kontrollen und Pronamid behandelt.

Das Ziel dieses Versuches war die Verbesserung des Mitoseblocks durch Synchronisation von Zellen. In der Abbildung 4.12 sind die Anteile der Zellen mit 2 C; 4 C, bzw. 8 C-Gehalt dargestellt.

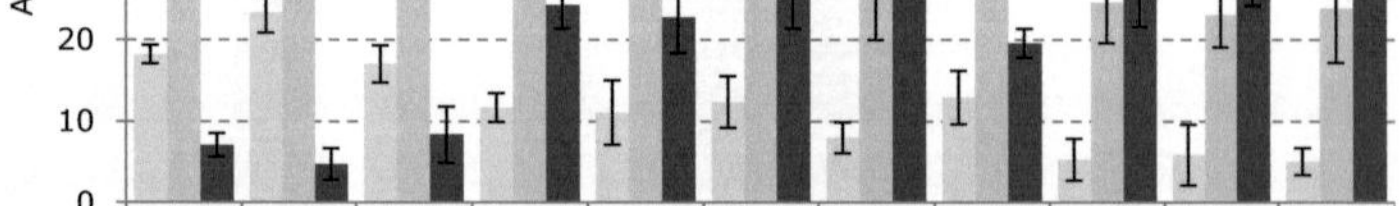

	Negativ-kontrolle	2 µM HU NK	2 mM HU NK	4 h Colchicin	2 µM HU Colchicin	2 mM HU Colchicin	8 h Colchicin	4 h Pronamid	2 µM HU Pronamid	2 mM HU Pronamid	8 h Pronamid
Anteil der Zellen mit 2C [%]	18	23	17	12	11	12	8	13	5	6	5
Anteil der Zellen mit 4C [%]	54	50	56	36	36	34	30	37	25	23	24
Anteil der Zellen mit 8C [%]	7	5	8	24	23	26	31	20	28	28	30

Abbildung 4.12 Behandlung von Maiswurzeln Hydroxyharnstoff (2µ M, bzw. 2mM für 18 h)
X-Achse = Behandlungsvarianten, Y-Achse = Anteil der Zellen (mit 2; 4; 8 C-Gehalt) [%]

Betrachtet man die Werte der Behandlungen mit Mitoseinhibitor (Colchicin, bzw. Pronamid), so lässt sich erkennen, dass jeweils die achtstündige Inkubation ohne HU-Block die höchste Ausbeute an Zellen mit 8 C-Gehalt (31 %, bzw. 30 %), bzw. den geringsten Anteil der Zellen mit 2 C-Gehalt (8 %; bzw. 5 %) lieferte. Wenn man die Anteile der Zellen mit jeweiligem C-Gehalt nach vierstündigem Mitoseblock mit und ohne vorheriger HU-Behandlung vergleicht, so ergaben sich bei Colchicinbehandlung keine deutlichen Unterschiede zwischen den drei Behandlungsvarianten. Betrachtet man die Ergebnisse der Pronamidbehandlung, so zeigte sich bei den HU-Behandlungen eine Abnahme des Anteils der Zellen mit 2 C-Gehalt und eine Zunahme des Anteils der Zellen mit 8 C-Gehalt, wobei unter Einbeziehung der Standardabweichungen, die Unterschiede zur Behandlung ohne HU-Block relativ gering ausfallen.

Zusätzlich wurde eine weitere Versuchsvariante durchgeführt, bei der kein Recovery-Schritt, sondern ein achtstündiger Mitoseblock direkt im Anschluss an die HU-Behandlung durchgeführt wurde. Die Auswertung konnte jedoch aufgrund technischer Probleme mit dem Durchflusszytometer nicht für alle drei Durchgänge erfolgen. Bei einzelnen Messungen zeigte sich jedoch, dass jeweils die Behandlungen ohne HU-Block höhere Werte der Zellen mit 8C-Gehalt erzielten, als die Behandlungen mit HU-Block. Aufgrund dessen wurde auf eine weitere Versuchswiederholung verzichtet.

4.1.3.4 Kombinationen

In diesem Abschnitt werden die Experimente dargestellt, bei denen versucht wurde die Effizienz der Herbizide APM, Oryzalin und Pronamid durch Kombination mit anderen Behandlungen zu erhöhen.

Kombination von chemischen Substanzen

Die Herbizide APM, Oryzalin und Pronamid zeigten, dass sie die Mitose in Maiswurzeln ähnlich effizient stoppen, wie Colchicin. Daher wurde nun versucht diese Wirkung durch verschiedene Kombinationen der drei Herbizide zu erhöhen. Es wurden jeweils zehn 3 Tage alte Keimlinge mit den folgenden Varianten, sowie als Kontrollen mit ddH_2O, bzw. 1,25 mM Colchicin, in drei unabhängigen Versuchsdurchläufen für 8 h behandelt:

- 40 µM APM
- 20 µM Oryzalin
- 10 µM Pronamid
- 40 µM APM + 20 µM Oryzalin
- 40 µM APM + 10 µM Pronamid
- 40 µM APM + 20 µM Oryzalin + 10 µM Pronamid
- 20 µM Oryzalin + 10 µM Pronamid

(Die letzten vier Varianten: Jeweils gleichzeitig im selben Ansatz)

Die Mittelwerte des Anteils der Zellen mit 8 C-Gehalt wurden aus den drei Versuchsdurchläufen ermittelt und sind in der Abbildung 4.13 zusammengefasst. Vergleicht man die Werte nach Behandlung mit nur einer Substanz (APM: 31 %; Oryzalin: 35 %; Pronamid: 32 %) mit den Werten, bei denen die Herbizide kombiniert wurden (zwischen 27 und 31 %); so lässt sich erkennen, dass durch die Kombinationen der Herbizide keine

Steigerung des Anteils der Zellen mit 8 C-Gehalt erreicht werden konnte. Bei genauerer Betrachtung lässt sich erkennen, dass jede Kombination verglichen mit den Werten der „effektiveren“ Einzelbehandlung eher zu einer leichten Abnahme der Zellen mit 8 C-Gehalt führte.

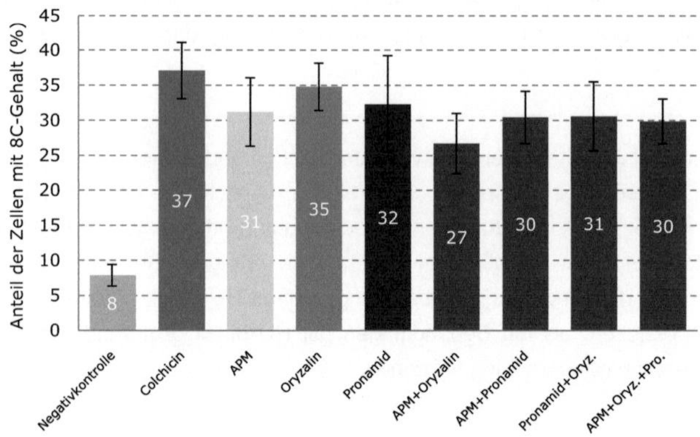

Abbildung 4.13 Kombination von Herbiziden

X-Achse = Behandlungsvarianten: grün = Negativkontrolle; rot = Colchicinbehandlung; hellblau = APM-Behandlung; mittelblau = Oryzalinbehandlung; dunkelblau = Pronamidbehandlung, lila = verschiedene Kombinationen der drei Herbizide, Y-Achse = Anteil der Zellen mit 8 C-Gehalt [%]

Physikalische Behandlung + chemischer Inhibitor

In den vorangegangenen Experimenten (4.1.1.3 und 4.1.2.2) wurde gezeigt, dass eine Inkubation von Keimlingen bei niedrigen Temperaturen zu einem leichten Anstieg des Anteils von Zellen mit 8 C-Gehalt führte, jedoch nur so gering, dass diese Methode nicht weiter als Colchicin-Alternative verfolgt wurde. Es wurde aber beobachtet, dass diese Behandlung zu einem Wachstumsstopp der Keimlinge und somit möglicherweise zu einer Art Synchronisierung der Zellen führte. Daher sollte nun untersucht werden, ob die Wirkung der Herbizide APM, Oryzalin bzw. Pronamid durch vorhergehende dreitägige Inkubation der Keimlinge bei niedrigen Temperaturen (4 bzw. 6° C) erhöht werden kann. Das Ergebnis, das heißt der Anteil der Zellen mit 8 C-Gehalt, dieses Experiments (drei Durchführungen gemittelt) ist in Abbildung 4.14 dargestellt.

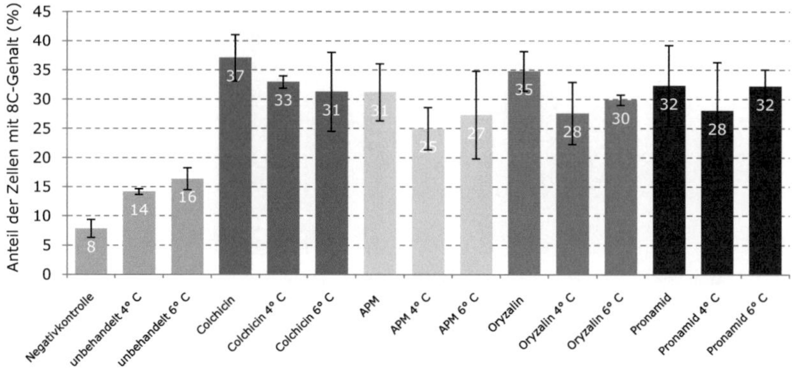

Abbildung 4.14 Kombination der Inhibitorbehandlungen mit vorhergehender Kälteinkubation
X-Achse = Behandlungsvarianten: grün = Negativkontrollen; rot = Colchicinbehandlungen; hellblau = APM-Behandlungen; mittelblau = Oryzalinbehandlungen; dunkelblau = Pronamidbehandlungen, Y-Achse = Anteil der Zellen mit 8 C-Gehalt [%]

Die Ergebnisse belegen, dass eine vorgeschaltete Kälteinkubation nicht zu einer Erhöhung der Verdopplungs-Effizienz der einzelnen Substanzen führte. Es ließ sich vielmehr erkennen, dass eine Kältebehandlung die Effizienz der Mitoseinhibitoren verringert hatte.

4.1.4 Überprüfung potenzieller Colchicin-Alternativen

Durch die vorherig beschriebenen Versuche konnte gezeigt werden, dass die Herbizide APM, Oryzalin und Pronamid ebenso wie Colchicin in Maiswurzeln zu einer Erhöhung des Anteiles der Zellen mit 8 C-Gehalt führten. Desweiteren zeigten die Wurzeln nach Behandlung mit diesen Herbiziden Verdickungen (vgl. Abb 4.4 b). Nach den in 4.1.3 durchgeführten Optimierungsversuchen sollte nun überprüft werden, ob die Herbizide APM, Oryzalin, bzw. Pronamid tatsächlich Colchicin-Alternativen darstellen. Hierzu wurden die Eigenschaften der drei Chemikalien noch einmal genauer mit denen von Colchicin verglichen. Zunächst wurde überprüft, ob die Wurzeln / Pflanzen nach Beendigung der Behandlung mit dem jeweiligen Mitoseinhibitor überlebten bzw. morphologische Ähnlichkeiten mit den Keimlingen nach Colchicin-Behandlung zeigten. Hierfür wurden die behandelten Keimlinge nach Beendigung des Mitoseblocks weiter kultiviert und die weitere Entwicklung nach drei Tagen nochmals dokumentiert.

Alle Keimlinge waren nach Behandlung mit den Chemikalien (Colchicin, APM, Oryzalin bzw. Pronamid) noch vital. Außerdem kam es bei den meisten Keimlingen zum „Auswachsen" der Verdickungen im Bereich der Wurzel (vgl. auch Abb. 4.15 a). Die Einzige Ausnahmen zeigten hier Keimlinge, die mit Oryzalin behandelt wurden. Bei diesen konnte nicht immer ein Längenwachstum dokumentiert werden. Verglichen mit Keimlingen der Negativkontrolle zeigten alle Keimlinge, die mit Colchicin, APM, Oryzalin, bzw. Pronamid behandelt wurden, stark verdickte Sprosse (Abb. 4.15 b)

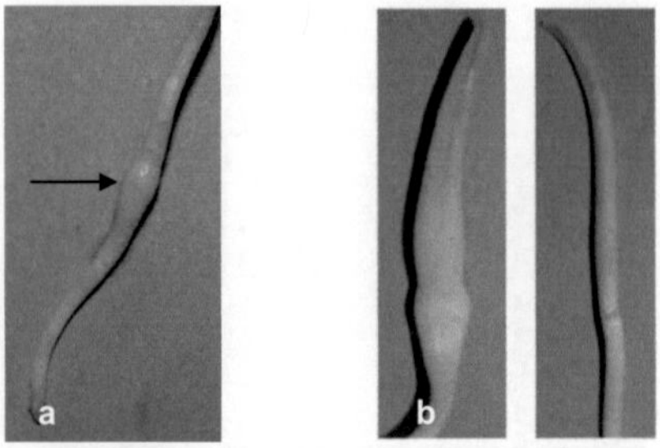

Abbildung 4.15 Wurzeln und Sprosse nach Behandlung mit Mitoseinhibitoren
a „Auswachsen" der Verdickungen (Pfeil) im Bereich der Wurzel nach drei Tagen;
b Vergleich zwischen behandelten (links) und unbehandelten (rechts) Sprossen

Als Überblick werden in Tabelle 4.2 Eigenschaften von Colchicin mit denen der drei Herbizide verglichen.

Tabelle 4.2 Vergleich der Eigenschaften von Colchicin, APM, Oryzalin, bzw. Pronamid

Inhibitor	Effizienz (Zellen mit 8 C [%])	Regenerationsfähigkeit behandelter Keimlinge	Preis pro L Gebrauchslösung [€]
Colchicin (1,25 mM)	37	+	13,00
APM (40 µM)	31	+	1,65
Oryzalin (20 µM)	35	+ / -	0,35
Pronamid (10 µM)	32	+	5,50

Im Hinblick auf die Effizienz, d. h. Anzahl der Zellen mit 8 C-Gehalt konnten die höchsten Werte mit Colchicin erreicht werden (37 %). Auch die Behandlungen mit den Herbiziden erwiesen sich als vergleichsweise effizient (31-35 %). Betrachtet man die Regenerationsfähigkeit der Keimlinge, bzw. der behandelten Wurzeln, so zeigten sich nur nach Oryzalinbehandlung einige Ausfälle. Bei einem weiteren wichtigen Punkt, nämlich den Kosten pro Liter gebrauchsfertiger Inhibitorlösung ließ sich erkennen, dass alle drei Herbizide (0,35 - 5,50 € / L) deutlich kostengünstiger waren als Colchicin (13 € / L).

4.2 Behandlung von Maiskeimlingen mit Colchicin-Alternativen (aus 4.1)

In Abschnitt 4.1 wurden Experimente durchgeführt, die durch Behandlung von Wurzelspitzen mögliche Colchicin-Alternativen aufdecken sollten. Hier konnte gezeigt werden, dass die Herbizide APM, Oryzalin und Pronamid in Maiswurzeln zu einer Erhöhung des Anteils der Zellen mit 8 C-Gehalt führten und mögliche Colchicin-Alternativen darstellen (Häntzschel & Weber, 2010). Diese Herbizide sollten nun zur Aufdopplung der Chromosomensätze in Maiskeimlingen eingesetzt werden.

4.2.1. Versuche zur Optimierung der Inkubationsbedingungen

Um später haploide Maiskeimlinge mit den möglichen Colchicin-Alternativen APM, Oryzalin und Pronamid behandeln zu können, mussten hierfür zunächst geeignete Inkubationsbedingungen ermittelt werden. Die Versuche wurden vor allem aus Kostengründen zunächst mit diploiden Maiskeimlingen (A188) durchgeführt. Es wurden verschiedene Vorbehandlungen und Inkubationstechniken getestet.

4.2.1.1 Vorbehandlung des Maissaatguts / der Maiskeimlinge

Es wurden verschiedene Vorbehandlungen getestet mit dem Ziel, die Effizienz der Inhibitorbehandlung zu erhöhen. Hierbei wurde entweder das Maissaatgut, oder die Maiskeimlinge mit den im Folgenden aufgeführten Methoden behandelt

Synchrone Keimung
Die Ansätze, die Keimung des Saatguts mittels Vorquellung, bzw. Kältebehandlung zu synchronisieren, bzw. zu verbessern zeigten im Vergleich zu unbehandeltem Saatgut keine Veränderung.

Verletzen
Die Inhibitoraufnahme könnte durch mechanisches Verletzen des Korns / Keimlings erhöht und so die Effizienz der Behandlung verbessert werden. Beim Vergleich der Aufdopplungsraten von verletzten mit nicht-verletzten Keimlingen konnte bei keiner Versuchsvariante ein signifikanter Unterschied detektiert werden. Außerdem zeigte sich, dass die Regenerationsfähigkeit bei verletzten Keimlingen deutlich niedriger war und zusätzlich war die Anfälligkeit gegen Pilzbefall erhöht. Aufgrund dieser Beobachtungen wird im Folgenden auf die Darstellung der „Verletzungsvarianten" verzichtet. Diese Technik wurde später bei der Behandlung von Haploiden nicht eingesetzt.

Vakuum
Eine weitere Möglichkeit, die Effizienz der Inhibitorbehandlung zu steigern, könnte die erhöhte Aufnahme durch Vorbehandlung mittels Vakuum sein. In Vorversuchen war ermittelt worden, dass die Vakuumbehandlung keinen negativen Einfluss auf die Vitalität hatte. Zur besseren Visualisierung der Infiltration von Geweben, wurden den Inkubationslösungen der Farbstoff E133 (Brillantblau) zugesetzt. Hier zeigte sich, dass die Aufnahme der Lösung vor allem im Bereich der Wurzel durch eine Vorbehandlung mit Vakuum gesteigert werden konnte (vgl. Abb. 4.16). Kontrollen (Abb. 4.16 a) zeigten im Vergleich zu Keimlingen, die mit Vakuum behandelt wurden (Abb. 4.16 b) eine geringere Blaufärbung, d.h. schlechtere Infiltration.

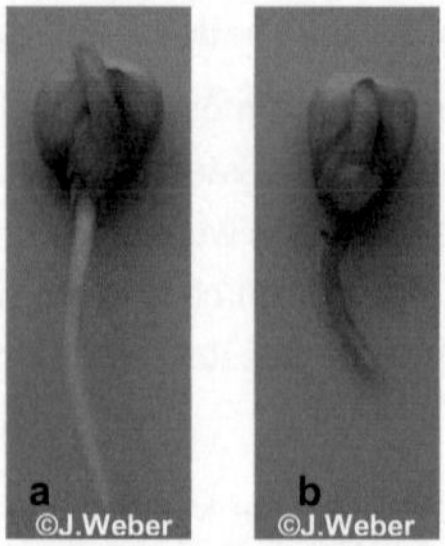

Abbildung 4.16 Effizienz der Infiltration von Maiskeimlingen im Vakuum
a Keimling ohne Vakuumbehandlung; b mit Vakuum behandelter Keimling
Intensität der Blaufärbung verdeutlicht den Grad der Infiltration.

Darauffolgend wurden jeweils zehn Maiskeimlinge in drei unabhängigen Versuchsdurchführungen mit (60 min bei -800 mbar) und ohne vorheriger Vakuumbehandlung für 6 h in ddH_2O bzw. Colchicin inkubiert. Die Keimlinge wurden dann in Kulturgefäße gepflanzt und bis zur Messung weiterkultiviert. Die Ergebnisse zeigten keine Verbesserung der Aufdopplung, weshalb der Ansatz nicht weiter verfolgt wurde.

4.2.1.2 Behandlung von Maissaatgut - Keimversuche

Eine möglichst frühe Behandlung mit Mitoseinhibitoren könnte in vielen Zellen des Sproßapikalmeristems (SAM) zu einer angestrebten Verdopplung des Chromosomensatzes führen. Saatgut wurde deshalb direkt auf Keimpapier mit Colchicin, sowie den Herbiziden APM, Oryzalin und Pronamid und als Negativkontrolle ddH_2O für eine Dauer von 96 h angekeimt. Einschließlich der Negativkontrolle keimte nicht jedes Korn. Alle in Inhibitor inkubierten Keimlinge zeigten, wie in Abbildung 4.17 a dargestellt, im Vergleich zur Negativkontrolle (Abb. 4.17 b) ein stark verzögertes Wachstum. Der Bereich der Wurzelspitze war stark verdickt, zudem war das Längenwachstum stark reduziert und sie verbraunten.

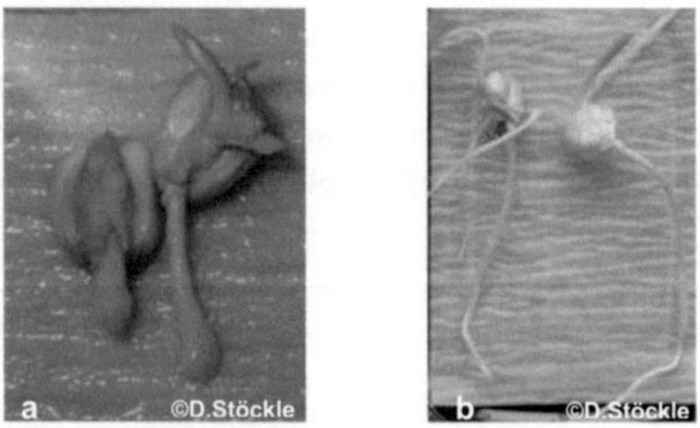

Abbildung 4.17 Keimung von Maissaatgut auf Inhibitor
a Keimung auf Colchicin; b Negativkontrolle

Desweiteren zeigte die durchflusszytometrische Bestimmung des DNA-Gehalts der Wurzelspitzen dieser Keimlinge, dass der 8 C-Gehalt im Vergleich zur Negativkontrolle (im Schnitt 6 %) nur geringfügig erhöht war (Colchicin: 15 %; APM: 14 %; Oryzalin: 15 %; Pronamid:12 % (Stöckle, 2010).

Daraufhin wurde eine weitere Versuchsvariante durchgeführt, bei der das Saatgut vor der 96 h Inkubation mit Inhibitoren zwei Tage vorgekeimt wurde. Nur gekeimtes Saatgut wurde für die Inhibitorbehandlungen eingesetzt. Nach der 96 h Behandlung wurden jeweils fünf Keimlinge /Gruppe nach eintägiger „Regeneration" ohne Inhibitor in Erde eingepflanzt. Bei Pools von fünf Keimlingen je Gruppe wurde der DNA-Gehalt in Wurzel; SAM und Sproßspitze bestimmt. In Abbildung 4.18 sind jeweils die Mittelwerte aus drei Versuchsdurchläufen für den Anteil der Zellen mit 8 C-Gehalt dargestellt.

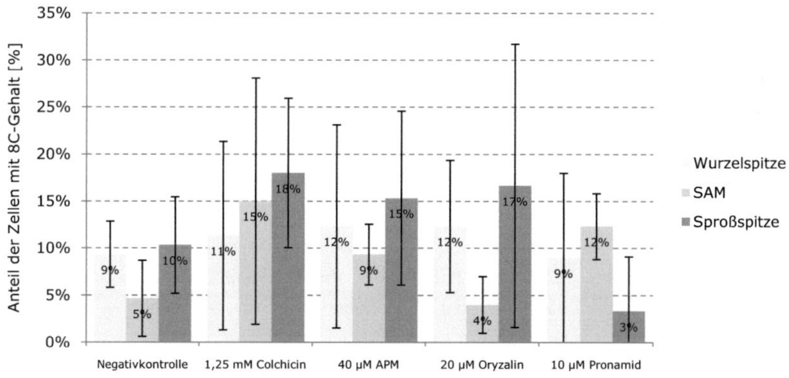

Abbildung 4.18 8C-Gehalt in Wurzel, SAM und Sproßspitze nach Keimung auf Inhibitor
X-Achse = Behandlungsvarianten, Y-Achse = Anteil der Zellen mit 8 C-Gehalt [%]

Es ist zu erkennen, dass die Ergebnisse zwischen den einzelnen Messungen sehr stark variierten (Standardabweichung bis zu 15 % bei Oryzalin) und die Aussagekraft der Ergebnisse somit relativ gering ist. Teilweise war das Hintergrundrauschen der Proben so hoch, dass die Messungen nicht ausgewertet werden konnten. Vergleicht man jedoch die Mittelwerte der Inhibitorbehandlungen mit denen der Negativkontrolle, so lassen sich keine starken Unterschiede erkennen. Im Bereich der Wurzelspitzen lag bspw. der Anteil der Zellen mit 8 C-Gehalt bei der Negativkontrolle im Schnitt um 9 % und bei den Inhibitorbehandlungen zwischen 9 und 12 %. Betrachtet man die Werte im SAM und in den Sproßspitzen, so konnte hier der größte Unterschied im SAM der Kontrollen (ddH_2O 5 %; Colchicin 15%) detektiert werden, welcher jedoch mit 10 % immer noch deutlich gering ausfiel.

Desweiteren wurde festgestellt, dass alle Keimlinge, die ins Gewächshaus überführt wurden, nach ca. zwei Wochen abgestorben waren. Auch Herabsetzen der Inhibitorkeimung auf 24 h führte zu ähnlichen Ergebnissen (nicht dargestellt). Aus diesen Gründen (geringe Vitalität, geringer 8 C-Gehalt, sowie stark schwankende Ergebnisse) wurde eine Keimung auf Inhibitor als mögliche Behandlung ausgeschlossen.

4.2.1.3 Vergleich von Inkubationsmethoden

Aufgrund der Tatsache, dass eine Keimung auf Inhibitor und somit Saatgutbehandlung ausgeschlossen wurde, sollte nun die geeignete Inkubationstechnik zur Behandlung von Keimlingen ermittelt werden. Hierfür kamen drei Techniken in Frage. Eine Inkubation der Keimlinge auf mit Inhibitor getränktem Keimpapier, eine Inkubation direkt im Inhibitor (in Schott-Flaschen), sowie eine Inkubation direkt im Inhibitor mit Belüftung (RITA-System). Diese Techniken wurden zunächst im Hinblick auf Vitalität der Keimlinge miteinander Verglichen. Es wurden in Anlehnung an die „Hohenheimer Methode“ (Eder & Chalyk, 2003) jeweils vier Tage alte Keimlinge verwendet.

Bei Behandlung der Keimlinge auf mit Inhibitor getränktem Keimpapier konnte eine hohe Vitalität von meist 100 % erreicht werden. Die Inkubation vier Tage alter Keimlinge direkt in Inhibitor ohne Belüftung (d. h. in Schott-Flaschen) führte zu einer stark herabgesetzten Vitalität. Auch Ansätze, die Vitalität der Keimlinge durch Zusatz von GA_3 zur Inhibitorlösung zeigten keine deutliche Wirkung. Wurde zur Inkubation das RITA-System eingesetzt (d. h. Inkubation direkt im Inhibitor, mit Belüftung) so konnte eine Vitalität von 100 % erreicht werden.

Zwei Inkubationstechniken (Keimpapier, RITA) zeigten im Hinblick auf Vitalität optimale Werte und wurden im Folgenden hinsichtlich der Effektivität Chromosomensätze in Maiskeimlingen zu verdoppeln untersucht. Die Inkubation in Schott-Flaschen wurde aufgrund der schlechten Vitalität der behandelten Keimlinge nicht weiter verfolgt.

Aufgrund der Tatsache, dass eine möglichst frühe Behandlung angestrebt wurde, wurden ein, zwei, bzw. drei Tage alte Keimlinge (15 Stk. Pro Variante) jeweils für 8 h auf Keimpapier bzw. im RITA mit ddH_2O bzw. 1,25 mM Colchicin inkubiert. Die gewaschenen Keimlinge wurden nach kurzer „Regeneration“ (ein oder zwei Tage) auf Keimpapier für fünf Tage in Erde kultiviert. Anschließend folgte die durchflusszytometrische Bestimmung des DNA-Gehalts im SAM-Bereich der Keimlinge. Es wurden die SAMs gleichbehandelter Keimlinge gepoolt (zwei-fünf Meristeme) gemessen. Die Messungen dienten einer qualitativen Abschätzung (Aufdopplung möglich ja/nein). Hierbei wurden die Histogramme der Behandlungen mit denen der Negativkontrollen hinsichtlich der Höhe des 8 C-Peaks verglichen. Dann wurde der Anteil der Pflanzen bestimmt, die eine deutliche Zunahme der Zellen mit 8 C-Gehalt (mindestens 20 %) aufwiesen. In Abbildung 4.19 a sind die Anteile der Pflanzen nach Colchicin-Behandlung auf Keimpapier, bzw. im RITA-System dargestellt. Abbildung 4.19 b zeigt beispielshaft das Histogramm einer Negativkontrolle, bzw. von SAMs mit nicht-verdoppeltem Chromosomensatz und zum Vergleich dazu zeigt Abbildung 4.19 c ein Histogramm von SAMs, die Zellen mit verdoppeltem Chromosomensatz aufwiesen.

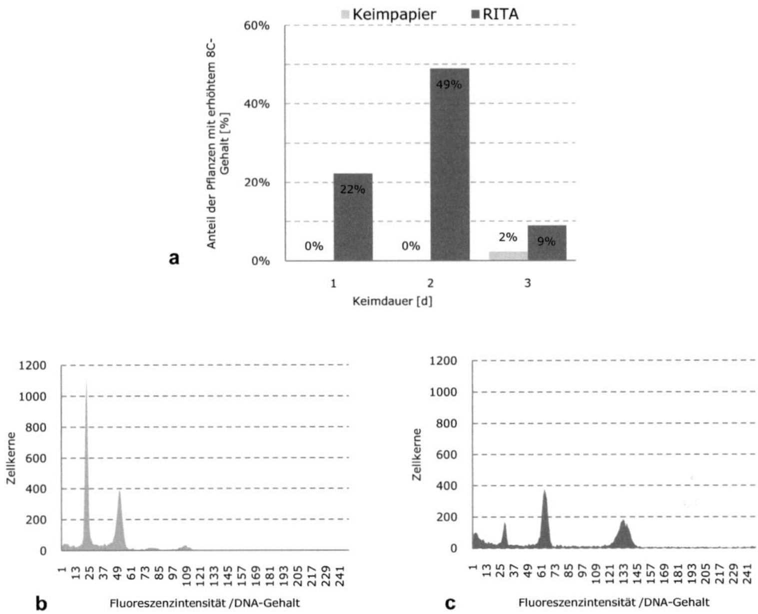

Abbildung 4.19 Vergleich der Colchicin-Behandlung von Maiskeimlingen auf Keimpapier bzw. im RITA-System
a Anteile der Pflanzen mit erhöhtem 8C-Gehalt bei Colchicin-Behandlung ein-, zwei-, bzw. drei Tage alter Keimlinge auf Keimpapier (rosa) bzw. im RITA-System (rot), X-Achse = Keimdauer [d], Y-Achse = Anteil der Zellen mit 8 C-Gehalt [%]
b Histogramm unbehandelter Keimlinge, bzw. nach nicht-erfolgter Verdopplung der Chromosomensätze;
c Histogramm behandelter Keimlinge und Verdopplung der Chromosomensätze vieler Zellen
X-Achse = Fluoreszenzintensität / DNA-Gehalt, Y-Achse = Zellkerne

Keimlinge der Negativkontrolle, sowohl auf Keimpapier, als auch bei RITA-Behandlung wiesen keine erhöhten Werte für den Anteil der Zellen mit 8 C-Gehalt auf (vgl. auch Abbildung 4.19 b). Eine spontane Aufdopplung konnte ausgeschlossen werden. Auch die SAMs von Keimlingen, die auf Keimpapier inkubiert wurden zeigten, bis auf eine einzige Ausnahme bei Behandlung drei Tage alter Keimlinge, keinen Anstieg der Zellen mit 8 C-Gehalt. Durch die Messungen von SAMs der Keimlinge, die im RITA mit Colchicin inkubiert wurden konnten bei allen Behandlungsvarianten vermehrt Zellen mit 8 C-Gehalt detektiert werden (22 – 49 % der Pflanzen). Am effektivsten zeigte sich hier die Behandlung zwei Tage alter Keimlinge, bei denen 49 % der gemessenen SAMs einen deutlichen Anstieg der Zellen mit 8 C-Gehalt zeigten (s. a. Abbildung 4.19 c).

Es konnte somit gezeigt werden, dass die RITA-Technik im Vergleich zur Inkubation auf Keimpapier deutlich effizienter im Hinblick auf die Erhöhung des Anteils der Zellen mit 8 C-Gehalt ist. Diese Technik wurde als Inkubationsmethode zur Behandlung von Maiskeimlingen ausgewählt und sollte weiter optimiert werden.

4.2.2 Optimierung der Keimlingsbehandlung im RITA-System

Die RITA-Inkubationsmethode sollte in einem weiteren Schritt optimiert werden. Hierfür wurden Maiskeimlinge mit 1,25 mM Colchicin (Positivkontrolle) oder mit ddH_2O (Negativkontrolle) behandelt.

4.2.2.1 Schnelltest zur Überprüfung der RITA-Behandlung mittels SAM-Messung

Es sollte zunächst untersucht werden, wie früh nach Inkubation der Keimlinge im RITA-System eine Aussage über die Effizienz einzelner Behandlungsvarianten möglich ist. Hierfür wurden zwei bzw. vier Tage alte Maiskeimlinge für 8 h im RITA mit ddH_2O bzw. 1,25 mM Colchicin behandelt. Anschließend wurden die Keimlinge gewaschen und auf frische Faltenfilter mit dH_2O gelegt. Dann erfolgte ein, zwei, bzw. drei Tagen nach Behandlung die DNA-Messung im Durchflusszytometer nach Präparation des SAM-Bereichs. Bei colchicinbehandelten Keimlingen erfolgte eine Vorselektion solcher Keimlinge, die einen „aufgedoppeltem“ Habitus (vgl. auch 3.5.1) zeigten. In Abbildung 4.20 wird jeweils die Aufdopplungsrate, das heißt die Pflanzen bei denen der Anteil der Zellen mit 8 C-Gehalt bei mindestens 20 % lag, dargestellt.

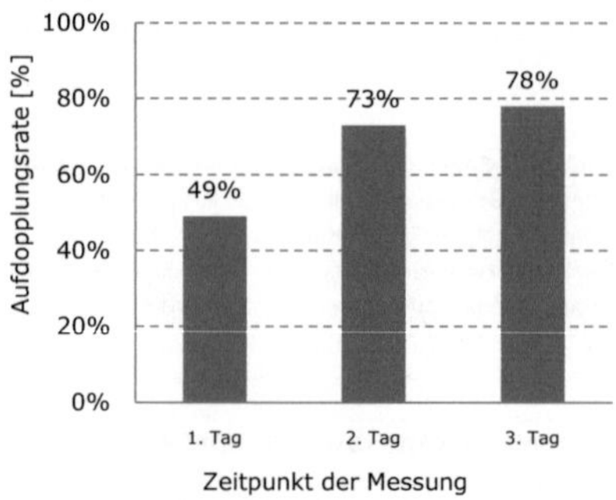

Abbildung 4.20 Vergleich verschiedener Messzeitpunkte zur durchflusszytometrischen Bestimmung des DNA-Gehalts im SAM-Bereich ©J.Weber
X- Achse = Messzeitpunkt, Y-Achse = Aufdopplungsrate [%]

Einen Tag nach der Colchicinierung wurde nur bei 49 % der Pflanzen ein erhöhter Anteil von Zellen mit 8 C-Gehalt nachgewiesen. Zwei Tage nach der Colchicinbehandlung konnte bei 73 % der Pflanzen ein erhöhter 8 C-Gehalt bestimmt werden. Eine Überprüfung der Behandlungsparameter konnte somit zwei Tage nach Behandlung durch Messung des DNA-Gehalts behandelter Pflanzen mittels Präparation des SAM-Bereichs erfolgen.

4.2.2.2 Bestimmung des optimalen Inkubationszeitpunktes

In 4.2.1.3 konnte die höchste Aufdopplungsrate bei Behandlung zwei Tage alter Keimlinge erreicht werden (vgl. Abb. 4.19 a). Dieser Behandlungszeitpunkt sollte daher mit einem späteren Zeitpunkt, d. h. vier Tage nach Keimung verglichen werden. Hierfür wurden jeweils 50 zwei- bzw. vier Tage alte Keimlinge für 8 h im RITA-System mit / ohne Colchicin behandelt. Anschließend wurde der Prozentsatz der Pflanzen, die bei SAM-Messung (je zwei Meristeme gepoolt) einen Anteil von Zellen mit 8 C-Gehalt von mindestens 20 % aufwiesen bestimmt und in Abbildung 4.21 zusammengefasst. Bei keiner Behandlungsvariante ohne Colchicin konnte eine spontane Aufdopplung beobachtet werden.

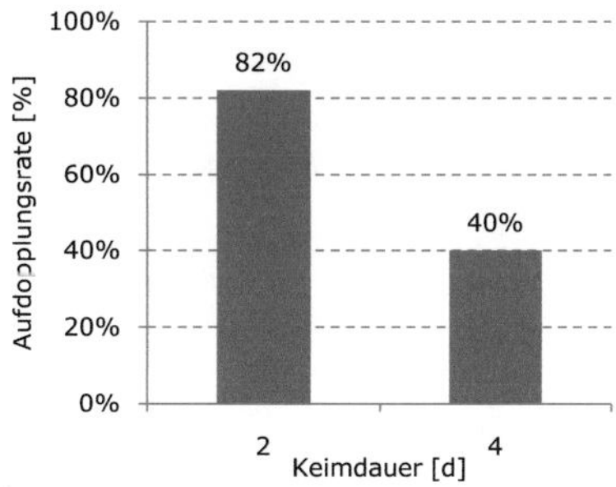

Abbildung 4.21 Vergleich der Behandlung zwei, bzw. vier Tage alter Keimlinge
X-Achse = Keimdauer, Y-Achse = Aufdopplungsrate [%]

Bei Betrachtung der Aufdopplungsraten der Inkubationszeitpunkte ließ sich erkennen, dass diese nach Behandlung zwei Tage alter Keimlinge (82 %) im Vergleich zur Behandlung vier Tage alter Keimlinge (40 %) höher ausfielen. Daher wurde für die Behandlung von Haploiden dieser Inkubationszeitpunkt festgelegt.

4.2.2.3 Vergleich von Belüftungszeiträumen

Durch die Belüftung der Inhibitorlösung wurden die Keimlinge einerseits neu mit Inhibitor umspült und teilweise anaerobe Bedingungen konnten verhindert und somit die Vitalität der Keimlinge gewährleistet werden. Andrerseits konnte durch das Aufwirbeln der Lösung in einzelnen Fällen die tatsächliche Inkubationsdauer im Inhibitor verfälscht werden, da die Keimlinge möglicherweise während der Belüftung keinen direkten Kontakt zur jeweiligen Lösung mehr hatten. Daher sollte die Belüftung (Dauer pro Zyklus, Zykluszahl) weiter optimiert werden, ohne jedoch die Vitalität der Keimlinge zu verringern. Hierfür wurden folgende Varianten durchgeführt und die Keimlinge später im Hinblick auf Vitalität bewertet:

- 15 min pro h
- 5 min pro h
- Gesamtbelüftung von 15 min in drei Zyklen à 5min
- 1 min pro h

Bei allen aufgeführten Belüftungsvarianten konnte eine Vitalitätsrate von 100 % erreicht werden (Stöckle, 2010). Zur Gewährleistung einer möglichst durchgehenden Inhibitor-behandlung, wurde daher die geringste Belüftungsdauer (1 min pro h) als optimal bewertet.

4.2.3 Behandlung von Haploiden

In den vorangegangenen Versuchen wurden mittels Behandlung von Maiswurzeln die Herbizide APM, Oryzalin und Pronamid als potenzielle Colchicin-Alternativen identifiziert. Desweiteren konnte mit dem RITA-System eine geeignete Methode zur Behandlung von Maiskeimlingen entwickelt und optimiert werden. Im Folgenden sollte diese Methode zur Behandlung haploider Maiskeimlinge mit Colchicin-Alternativen eingesetzt werden.

4.2.3.1 Behandlung haploider Keimlinge mit Colchicin-Alternativen

In drei unabhängigen Versuchsdurchläufen wurden jeweils 50 zwei Tage alte haploide Maiskeimlinge für eine Dauer von 8 h im RITA-System (1 min pro h Belüftung) behandelt. Folgende Varianten wurden durchgeführt:

- Negativkontrolle
- 1,25 mM Colchicin
- 40 µM APM
- 20 µM Oryzalin
- 10 µM Pronamid

Pro Ansatz wurden die Keimlinge in 200 ml der jeweiligen Lösung vollständig untergetaucht. Zur Auswertung wurde die Effektivität der Behandlung, sowie die Vitalität der Keimlinge ermittelt.

Vitalität der behandelten Keimlinge

Zur Beurteilung der Vitalität der behandelten Keimlinge wurden diese nach Beendigung der Behandlung in Kulturgefäße mit Aussaaterde gepflanzt. Darauffolgend wurde im Vier-Blatt-Stadium der Anteil sich entwickelnden Pflanzen pro Variante ermittelt. Die Mittelwerte der Vitalität sind in Abbildung 4.22 dargestellt.

Die höchste Vitalität zeigten die Keimlinge der Negativkontrolle (82 %). Aufgrund der Kulturbedingungen im Gewächshaus war diese relativ gering. Die höchste Vitalität nach Inhibitorbehandlung zeigten die Pflanzen, die als Keimlinge mit Colchicin behandelt wurden (80 %). Bei den Colchicin-Alternativen zeigten die Keimlinge der Pronamid- (71 %) und APM-Behandlungen (68 %) noch relativ gute Vitalitätsraten. Bei Oryzalin-Behandlung waren über die Hälfte der Pflanzen (Vitalität 45 %) abgestorben.

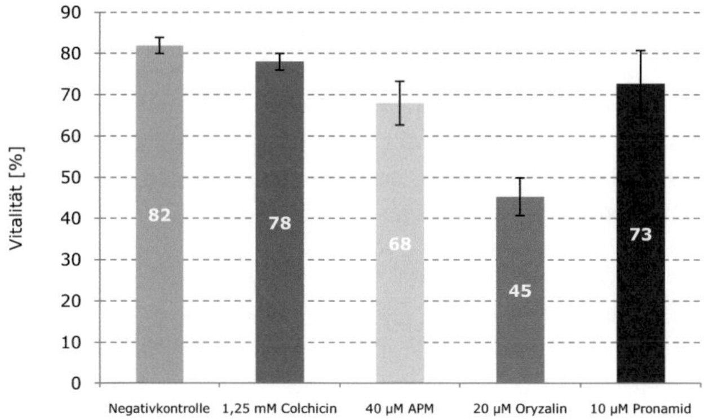

Abbildung 4.22 Vitalität haploider Maiskeimlinge nach Behandlung im RITA-System
X-Achse = Behandlungsvarianten: grün = Negativkontrolle; rot = Colchicinbehandlung hellblau = APM-Behandlung; mittelblau = Oryzalinbehandlung; dunkelblau = Pronamidbehandlung, Y-Achse = Vitalität [%]

Aufdopplungseffizienz nach Inhibitorbehandlungen

Die Effektivität der einzelnen Behandlungen haploider Keimlinge mit Inhibitoren im RITA-System wurde im Vier-Blatt-Stadium durch DNA-Bestimmung von Blattmaterial im Durchflusszytometer ermittelt. Hierfür wurden bei allen drei Versuchsdurchläufen pro Variante von allen Pflanzen einzeln die Anteile der Zellen mit jeweiligem C-Wert bestimmt. Damit konnten die Pflanzen entweder als nicht aufgedoppelt (also Haploide), Chimären (d. h. Pflanzen, die sowohl n-, als auch 2n-Chromosomensätze aufwiesen) und aufgedoppelte Pflanzen eingestuft werden. In Abbildung 4.23 ist jeweils beispielhaft ein Histogramm einer Haploiden, einer aufgedoppelten Pflanze und einer Chimäre dargestellt. Haploide Pflanzen wiesen zwei Peaks auf (Zellen mit C- und 2 C-Gehalt; Abb. 4.23 a). Bei aufgedoppelten Pflanzen ließen sich wiederum nur zwei Peaks detektieren (Zellen mit 2 C und 4 C-Gehalt Abb. 4.23 b). Chimäre Pflanzen dagegen zeigten drei Peaks (Zellen mit C-, 2 C- und 4 C-Gehalt; Abb. 4.23 c).

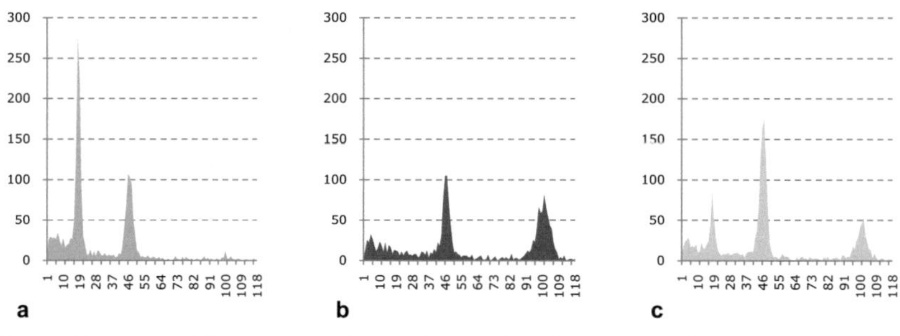

Abbildung 4.23 Beispiele für Histogramme nach Behandlung haploider Maiskeimlinge im RITA-System
a Histogramm einer haploiden Pflanze (typische Negativkontrolle); b Histogramm einer „aufgedoppelten“ Pflanze; c Histogramm einer Chimäre, X-Achse = Fluoreszenzintensität / DNA-Gehalt, Y-Achse = Zellkerne

Für jeden der drei Versuchsdurchläufe wurden jeweils die Anteile der chimären und aufgedoppelten Pflanzen in Bezug auf alle behandelten Keimlinge (d. h. 50 Stk. = 100 %) bestimmt. Die Mittelwerte sind je Variante in Abbildung 4.24 dargestellt. Als Chimären wurden nur solche Pflanzen eingestuft, bei denen der dritte Peak (= Zellen mit 4 C-Gehalt) mindestens 15 % der Gesamtzellzahl ausmachte. Bei den Negativkontrollen konnten in allen Versuchsdurchläufen weder aufgedoppelte, noch chimäre Pflanzen detektiert werden, d. h. eine spontane Aufdopplung konnte ausgeschlossen werden. Der Vergleich der vier Inhibitorbehandlungen ließ erkennen, dass sowohl die meisten aufgedoppelten Pflanzen (27 %) als auch die meisten Chimären (16 %) nach Colchicinbehandlung auftraten. Bei Behandlung mit den Colchicin-Alternativen zeigte APM den höchsten Anteil aufgedoppelter Pflanzen (3 %) aufgedoppelte Pflanzen und Chimären (4 %). Bei den Herbiziden Oryzalin und Pronamid wurden jeweils 1 % aufgedoppelte Pflanzen, bzw. Chimären detektiert.

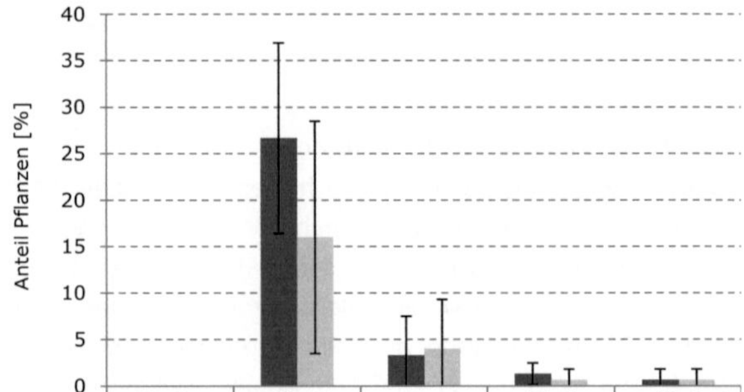

	Negativ-kontrolle	1,25 mM Colchicin	40 µM APM	20 µM Oryzalin	10 µM Pronamid
■ Aufgedoppelte Pflanzen	0	27	3	1	1
■ Chimären	0	16	4	1	1

Abbildung 4.24 Ergebnisse der Behandlung haploider Maiskeimlinge mit Colchicin-Alternativen im RITA-System
X-Achse = Behandlungsvarianten, Y-Achse = Anteil Pflanzen [%], dunkelrot = aufgedoppelte Pflanzen, hellrot = Chimären

4.2.3.2 Optimierungsversuche zur Behandlung mit APM

Bei den Colchicin-Alternativen war eine APM-Behandlung von haploiden Maiskeimlingen am effektivsten im Hinblick auf die Erzeugung aufgedoppelter Pflanzen. Daher wurde in den im Folgenden beschriebenen Experimenten versucht die Effektivität der APM-Behandlung weiter zu erhöhen. Zum einen wurden verschiedene Konzentrationen getestet. Zum anderen wurde außerdem der Ansatz verfolgt, die Effektivität durch kurze Inkubation in hoch konzentriertem Inhibitor, bzw. durch lange Inkubation in niedrig konzentriertem Inhibitor zu erhöhen (Stöckle, 2010). Da nur wenig haploides Saatgut zur Verfügung stand, wurde pro Ansatz jeweils nur ein Versuchsdurchlauf durchgeführt.

Konzentrationen

In diesem Ansatz wurde getestet, ob die an Wurzelspitzen als optimal bestimmte APM-Konzentration von 40 µM zur Behandlung von haploiden Maiskeimlingen geeignet war, bzw. weiter optimiert werden konnte. Es wurden jeweils 20 zwei Tage alte Maiskeimlinge mit 20 µM, 40 µM, 60 µM und 80 µM APM für 8 h im RITA-System behandelt. Als Negativ- bzw. Positivkontrolle dienten Ansätze mit ddH_2O bzw. 1,25 mM Colchicin. Nach Beendigung der Behandlung wurden alle Keimlinge in Kulturgefäße mit Aussaaterde gepflanzt. Im Vier-Blatt-Stadium erfolgte dann die Bestimmung des DNA-Gehalts aus Blattmaterial von Einzelpflanzen und somit Bestimmung der Effizienz der einzelnen Behandlungen. In Abbildung 4.25 sind die Ergebnisse, d. h. der Anteil aufgedoppelter Pflanzen, sowie Chimären dargestellt.

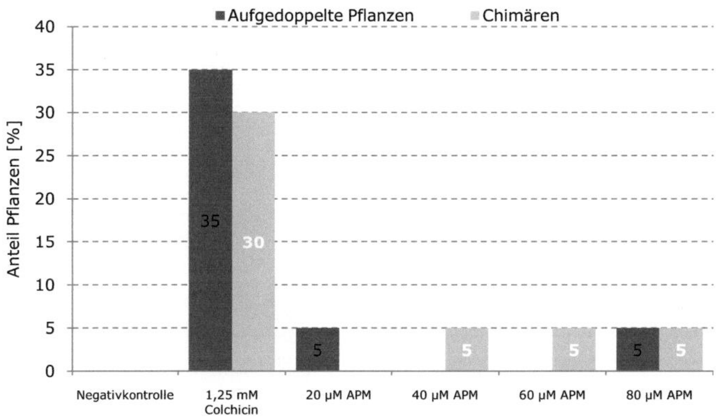

Abbildung 4.25 Anteile aufgedoppelter und chimärer Pflanzen nach veränderter APM-Konzentration
X-Achse = Behandlungsvarianten, Y-Achse = Anteil Pflanzen [%], dunkelrot = aufgedoppelte Pflanzen, hellrot = Chimären

Bei unbehandelten Keimlingen zeigten sich weder aufgedoppelte Pflanzen, noch Chimären und somit keine spontane Aufdopplung. Am effektivsten zeigte sich die Colchicinbehandlung (35 % aufgedoppelte Pflanzen und 30 % Chimären). Bei den APM-Behandlungen konnten bei einer Konzentration von 80 µM 5 % aufgedoppelte Pflanzen und 5 % Chimären beobachtet werden. Jedoch waren die Behandlungen mit den Konzentrationen 60 µM bzw. 40 µM APM (je 5 % Chimären) weniger effektiv, als die niedrigste Konzentration von 20 µM APM (5 % aufgedoppelte Pflanzen).

Abhängigkeit der APM-Konzentration und Inkubationszeit

In einem weiteren Ansatz wurde untersucht, ob die APM-Behandlung durch Variation der Inkubationsdauer bei verschiedenen APM-Konzentrationen verbessert werden konnte. Hierfür wurden jeweils 50 haploide Keimlinge in folgender Weise behandelt:

- Negativkontrolle
- 4 h in 2,5 mM Colchicin, bzw. 80 µM APM
- 8 h in 1,25 mM Colchicin, bzw. 40 µM APM
- 16 h in 0,625 mM Colchicin, bzw. 20 µM APM

Die Auswertung erfolgte wiederum durch die Bestimmung des DNA-Gehalts in Blattmaterial der Einzelpflanzen (Vier-Blatt-Stadium) und in Abbildung 4.26 sind jeweils die Anteile an aufgedoppelten Pflanzen und Chimären dargestellt. Die Behandlung mit 20 µM APM für 16h konnte aufgrund von technischen Problemen nicht ausgewertet werden. Die Negativkontrollen zeigten wie erwartet weder aufgedoppelte, noch chimäre Pflanzen. Am effektivsten erwies sich eine 16 stündige Inkubation in 0,625 mM Colchicin (12 % aufgedoppelte Pflanzen). Der Anteil an chimären Pflanzen lag bei 22 %. Die APM-Behandlungen von 4 h bzw. 8 h erzeugten keine doppelhaploiden Pflanzen.

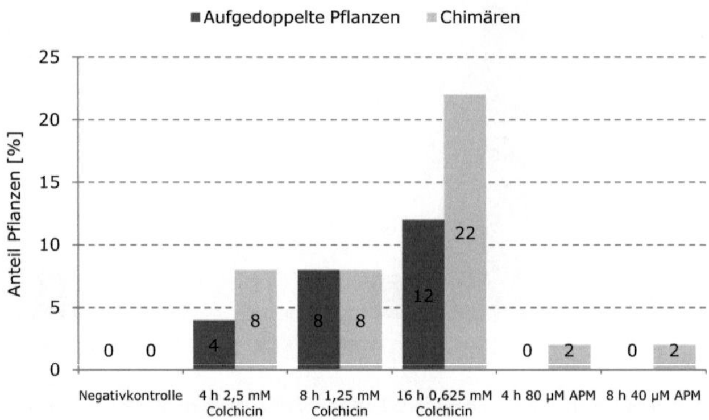

Abbildung 4.26 Behandlung haploider Maiskeimlinge mit verschiedenen Colchicin und APM-Varianten
X-Achse = Behandlungsvarianten, Y-Achse = Anteil Pflanzen [%], dunkelrot = aufgedoppelte Pflanzen, hellrot = Chimären

4.3 Ermittlung weiterer Colchicin-Alternativen mittels Screening der LATCA-Bibliothek

Ziel des Screenings der LATCA-Bibliothek war es, neue Colchicin-Alternativen aufzudecken. Es sollten Substanzen detektiert werden, welche eine Depolymerisation der Mikrotubuli, d. h. durch Hemmung der Spindelbildung bei der Zellteilung eine Verdopplung des Chromosomensatzes verursachen. Das Screening wurde mittels einer transgenen *Arabidopsis thaliana* Linie (GFP::MAP4-MBD) durchgeführt. Bei intakter Mikrotubuli-Organisation wurde ein deutliches GFP-Signal und bei Depolymerisation der Mikrotubuli eine Abschwächung des GFP-Signals erwartet.

4.3.1 Ermitteln der optimalen Screeningparameter

Bevor das Screening durchgeführt werden konnte, mussten zunächst geeignete Screening-parameter bestimmt, optimiert und getestet werden.

4.3.1.1 Übertragung und Keimung von Arabidopsissaatgut in 96-Well Platten

Aufgrund der Tatsache, dass das Screening in 96-Well Platten durchgeführt werden sollte, wurde eine zuverlässige Methode zur einheitlichen Dosierung des Saatguts, benötigt. Hierfür wurden zwei Methoden miteinander verglichen: Übertragung des Saatguts mittels Saatgutstempel bzw. durch Multikanal-Pipette (Weber, 2010).

Bei Übertragung des Saatguts in 96-Well Platten mittels Stempel konnte keine genaue Dosierung erzielt werden. Diese Methode konnte deshalb nicht beim LATCA-Screening verwendet werden.

Die Übertragung mittels Multikanal-Pipette erwies sich jedoch als sehr zuverlässig und effizient in der Dosierung. Durch das vorherige Abwiegen des Saatguts konnte die Menge pro Platte genau definiert werden. Desweiteren wurde eine gleichmäßige Verteilung des Saatguts im Tip-Tub-Reagenztrog durch die Suspendierung der Samen in 0,1 % Agar gewährleistet. Diese Methode wurde für das LATCA-Screening eingesetzt.

4.3.1.2 Bestimmung des Tausendkorngewichts von Arabidopsissaatgut

Für eine 96-Well Platte wurden pro Well zwischen 5-10 Samen, d. h. insgesamt ca. 1000 Samen benötigt. Um für die Dosierung des Saatguts ca. 1000 Samen abwiegen zu können, wurde das Tausendkorngewicht (TKG) von Arabidopsissaatguts mit ~14 mg bestimmt (Weber, 2010). Zur Kompensation von Pipettierverlusten wurde im Screening für jede Platte 15 mg Saatgut mittels einer Feinwaage abgewogen.

4.3.1.3 Überprüfung des Screening-Merkmals (GFP-Fluoreszenz)

Die transgenen *Arabidopsis*-Pflanzen enthalten ein Fusionsprotein aus GFP und MAP4 und somit einen permanenten Fluoreszenzmarker für Mikrotubuli. Durch Substanzen, welche Mikrotubuli depolymerisieren würden auch die Mikrotubuli-assoziierten Proteine in der Zelle verteilt und somit auch die wahrnehmbare GFP-Fluoreszenz verringert werden. Der Verlust von Fluoreszenz dient als Indikator zum Auffinden von möglichen Colchicin-Alternativen im Screening. Aufgrund der Tatsache, dass Oryzalin standardmäßig in der *Arabidopsis*-Forschung zur Depolymerisation von Mikrotubuli eingesetzt wird, wurde es als Positivkontrolle verwendet.

In einem Kontrollexperiment wurde bestätigt, dass die GFP-Fluoreszenz von *A. thaliana* GFP::MAP4-MBD durch achtstündige Inkubation mit 20, 40 bzw. 80 µM Oryzalin unterdrückt wurde. Bei mikroskopischer Betrachtung unbehandelter Keimlinge konnte die höchste Fluoreszenz im Bereich von Wurzelspitzen detektiert werden. In Abbildung 4.27 a ist eine Wurzel der Negativkontrolle unter UV-Licht dargestellt. Die Auswertung der Keimlinge, die mit Oryzalin behandelt wurden zeigte bei allen Konzentrationen eine deutliche Abnahme des GFP-Signals. Bei Keimlingen, die mit 20 µM Oryzalin behandelt wurden, war die Fluoreszenz fast vollständig verschwunden. Nur noch im vordersten Bereich der Wurzelspitze konnte ein GFP-Signal detektiert werden (Abb. 4.27 b). Die Konzentrationen 40 und 80 µM Oryzalin führten zu einer vollständigen Inhibition des Fluoreszenzsignals in den behandelten Keimlingen (Abb. 4.27 c).

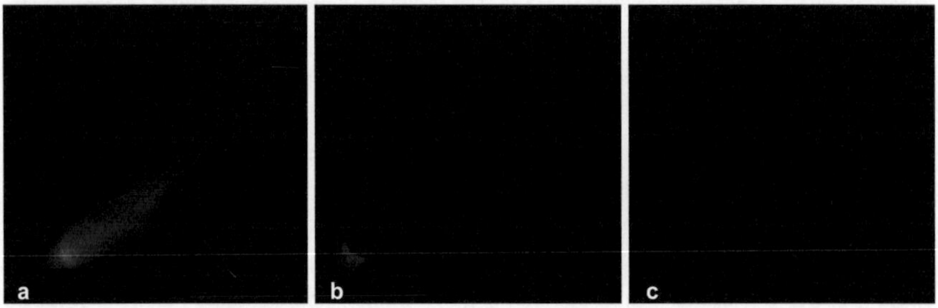

Abbildung 4.27 Verlust der GFP-Fluoreszenz in Wurzelspitzen von *Arabidopsis*-Keimlingen (GFP::MAP4-MBD) unter UV-Licht betrachtet
a Negativkontrolle; b nach Behandlung mit 20 µM Oryzalin; c nach Behandlung mit 40 bzw. 80 µM Oryzalin

Somit konnte zum einen Oryzalin als Positivkontrolle bestätigt werden und zum anderen, dass mittels des Screenings Substanzen, die Mikrotubuli depolymerisieren durch Abnahme, bzw. Verschwinden des GFP-Signals detektiert werden können.

4.3.2 Durchführung des LATCA-Screenings

Durch die vorangegangen beschriebenen Ergebnisse konnte das Screening-Merkmal (GFP-Fluoreszenz ja / nein) sowie die Positivkontrolle (fast vollständige Abnahme der GFP-Fluoreszenz bei 20 µm Oryzalin) bestätigt werden. Aufgrund der Tatsache, dass die LATCA-Substanzen bei einer Konzentration von 25 µM eingesetzt werden sollten, wurde auch die Positivkontrolle in dieser Konzentration verwendet.

Das Screening wurde in mehreren Stufen durchgeführt, startend mit einer eher „groben“ Auswertung aller Screeningplatten bis hin zur genauen Charakterisierung von „positiven Hits“ (= potenzielle Wirkstoffe). Im Folgenden werden die Ergebnisse der einzelnen Screeningstufen dargestellt.

4.3.2.1 Erste Screening-Stufe

Sieben Tage alte Keimlinge wurden in allen LATCA-Platten getestet. Nach ~24 h Inkubation erfolgte die Auswertung am Fluoreszenzmikroskop. Hierbei wurden alle Keimlinge unter sichtbarem Licht und unter UV-Licht betrachtet und mit Kontrollen verglichen. Zum einen wurden Veränderungen der Fluoreszenz, verglichen mit der Negativkontrolle, aufgezeichnet und alle Keimlinge, die sich von denen der Negativkontrolle unterschieden fotografiert (beispielhaft eine Wurzelspitze pro Well). Zum anderen wurden morphologische Veränderungen, wie das bei Keimlingen der Positivkontrolle typische Auftreten von „geschwollenen“ Wurzeln dokumentiert. In Abbildung 4.28 sind Bilder von den am häufigsten vorkommenden Fällen jeweils unter sichtbarem Licht und unter UV-Licht dargestellt.

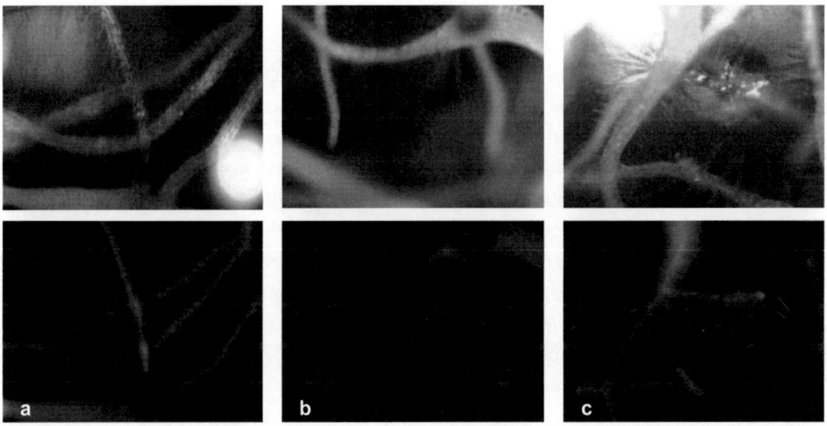

Abbildung 4.28 Beispiele für häufig vorkommende Fälle nach Behandlung von *Arabidopsis*-Keimlingen mit LATCA-Substanzen,
obere Reihe = Keimlinge unter sichtbarem Licht, untere Reihe = Keimlinge unter UV-Licht
a „negative“ Substanz; b und c “positive” Substanz mit Inhibition des GFP-Signals (b), bzw. „Anschwellen“ der Wurzeln (c)

Abbildung 4.28 a zeigt Wurzeln, wie sie typisch für die Negativkontrolle, bzw. „negativen“ (keine Veränderung des Fluoreszenzsignals) Substanzen vorkamen. Kennzeichnend ist hier ein deutliches GFP-Signal, welches am stärksten im Bereich der Wurzelspitze zu sehen ist. Abbildung 4.28 b dagegen zeigt Wurzeln bei denen nach Behandlung mit einer „positiven Substanz“ (d. h. möglicher Mitosehemmer) kein GFP-Signal im Bereich der Wurzel beobachtet werden konnte. In Abbildung 4.28 c ist ein Beispiel für eine „positive“ Substanz dargestellt, bei der die Wurzeln nach Behandlung zwar eine deutliche Schwellung, jedoch immer noch ein starkes GFP-Signal zeigten.

Außerdem traten auch weniger häufige Fälle auf, bei denen kein eindeutiger Effekt sichtbar wurde, da entweder die Substanz selbst fluoreszierte, oder sogar zu einer Verstärkung des Fluoreszenzsignals führte. Abbildung 4.29 a zeigt eine fluoreszierende Substanz und in Abbildung 4.29 b sind Wurzeln von Keimlingen dargestellt, die nach LATCA-Behandlung eine verstärkte Fluoreszenz zeigten.

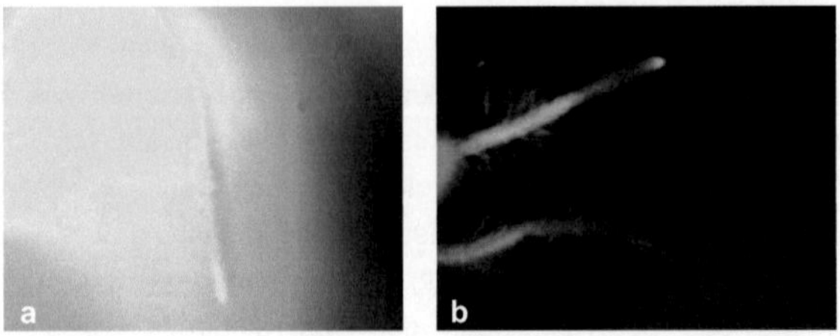

Abbildung 4.29 Beispiele für selten vorkommende Fälle nach Behandlung von *Arabidopsis*-Keimlingen mit LATCA-Substanzen
a stark fluoreszierende Substanz;
b Keimlinge mit erhöhter Fluoreszenz

Anhand der beschriebenen Merkmale wurden die Substanzen in „positive“ und „negative“ Substanzen unterteilt. Positive Substanzen waren hier alle Substanzen, die in einem oder mehreren Keimlingen zu einer leichten, oder deutlichen Abnahme des Fluoreszenzsignals und / oder zu „geschwollenen“ Wurzeln führten. Hierbei galten auch solche Substanzen als „positiv“, die nur in einem Teil der Wurzel die Fluoreszenz verringerten. Als „negative“ Substanzen wurden alle Substanzen eingeordnet, die entweder zu keiner Veränderung oder Verstärkung der Fluoreszenz führten, oder selbst fluoreszierten. Nach Auswertung aller Platten konnten 439 Substanzen als „positiv“ bewertet werden. Diese Substanzen, d. h. die Position auf der LATCA-Platte, sind in Tabelle 4.3 aufgelistet. Es lässt sich erkennen, dass auf den Platten 1 - 47 (ohne Platte 19) zwischen 1 und 20 „positive“ Substanzen detektiert wurden. Die einzige Ausnahme stellte hier die LATCA-Platte Nr. 15 dar, hier konnten nur „negative“ Substanzen detektiert werden. Die meisten „positiven“ Substanzen wurden auf Platte Nr. 34 (20 Stk.) und die wenigsten auf Platte Nr. 21 (eine Substanz) detektiert.

Aufgrund der hohen Anzahl der „positiven“ Substanzen wurde auf eine Wiederholung des Screenings der gesamten Bibliothek verzichtet und die 439 Substanzen im nächsten Screeningschritt näher überprüft.

Tabelle 4.3 „Positive“ LATCA-Substanzen nach der ersten Screening-Stufe
Angezeigt werden jeweils eine fortlaufende Nummer, bzw. die LATCA-Position der jeweiligen Substanz

1	LAT001_2E	41	LAT004_7A	81	LAT008_9C	121	LAT011_9G	161	LAT020_10F	201	LAT026_11E	241	LAT029_10E	281	LAT035_5A	321	LAT039_8A	361	LAT044_4E	401	LAT030_4B
2	LAT001_3C	42	LAT004_7C	82	LAT008_9E	122	LAT011_10H	162	LAT021_8F	202	LAT027_3C	242	LAT029_10H	282	LAT035_5D	322	LAT039_9B	362	LAT044_11A	402	LAT030_6G
3	LAT001_6D	43	LAT004_7H	83	LAT008_9F	123	LAT012_2F	163	LAT022_3B	203	LAT027_4C	243	LAT029_11A	283	LAT035_5F	323	LAT039_10E	363	LAT045_2H	403	LAT030_7B
4	LAT001_6C	44	LAT004_8D	84	LAT008_11G	124	LAT012_3E	164	LAT022_5G	204	LAT027_4E	244	LAT029_11F	284	LAT035_6C	324	LAT040_2F	364	LAT045_3A	404	LAT030_7C
5	LAT001_7F	45	LAT004_9F	85	LAT009_3B	125	LAT012_4D	165	LAT022_7D	205	LAT027_5A	245	LAT031_3A	285	LAT035_6E	325	LAT040_3D	365	LAT045_4A	405	LAT030_7D
6	LAT001_8D	46	LAT004_11D	86	LAT009_4A	126	LAT012_4E	166	LAT022_7F	206	LAT027_5G	246	LAT031_3B	286	LAT035_7A	326	LAT040_3F	366	LAT045_8B	406	LAT030_7E
7	LAT001_8H	47	LAT005_2A	87	LAT009_4C	127	LAT012_10F	167	LAT022_8F	207	LAT027_6E	247	LAT031_4B	287	LAT035_7E	327	LAT040_6F	367	LAT045_9F	407	LAT030_8C
8	LAT001_9D	48	LAT005_2H	88	LAT009_4D	128	LAT012_10H	168	LAT022_9A	208	LAT027_6F	248	LAT031_4E	288	LAT035_8D	328	LAT040_7F	368	LAT045_10E	408	LAT030_8E
9	LAT001_9G	49	LAT005_4F	89	LAT009_4E	129	LAT012_11C	169	LAT022_11D	209	LAT027_6G	249	LAT031_4F	289	LAT035_8E	329	LAT040_8D	369	LAT045_10G	409	LAT030_8G
10	LAT001_9H	50	LAT005_5A	90	LAT009_5A	130	LAT012_11F	170	LAT022_11G	210	LAT027_7A	250	LAT031_5B	290	LAT035_8G	330	LAT040_8H	370	LAT046_2F	410	LAT030_11D
11	LAT001_10A	51	LAT005_7G	91	LAT009_5E	131	LAT013_3B	171	LAT023_3D	211	LAT027_7F	251	LAT031_5F	291	LAT035_9B	331	LAT040_9D	371	LAT046_2H	411	LAT030_11F
12	LAT001_10B	52	LAT005_9E	92	LAT009_5F	132	LAT013_3D	172	LAT023_3E	212	LAT027_8A	252	LAT031_7B	292	LAT035_9D	332	LAT040_11C	372	LAT046_3E	412	LAT032_5D
13	LAT001_10H	53	LAT005_10G	93	LAT009_6F	133	LAT013_5C	173	LAT023_5B	213	LAT027_8B	253	LAT031_7C	293	LAT035_9G	333	LAT040_11H	373	LAT046_4E	413	LAT032_6B
14	LAT001_11A	54	LAT006_2B	94	LAT009_7A	134	LAT013_7G	174	LAT023_6B	214	LAT027_9E	254	LAT031_7E	294	LAT035_10A	334	LAT041_3F	374	LAT046_5A	414	LAT032_6G
15	LAT001_11B	55	LAT006_5F	95	LAT009_8D	135	LAT013_8D	175	LAT023_6C	215	LAT027_9F	255	LAT031_8C	295	LAT035_11E	335	LAT041_4E	375	LAT046_6A	415	LAT032_9G
16	LAT001_11C	56	LAT006_8H	96	LAT009_9B	136	LAT013_9B	176	LAT023_7A	216	LAT027_11A	256	LAT031_8D	296	LAT036_2A	336	LAT041_4H	376	LAT046_6B	416	LAT032_9H
17	LAT001_11F	57	LAT006_9C	97	LAT009_10C	137	LAT013_10F	177	LAT023_7D	217	LAT027_11B	257	LAT031_8G	297	LAT036_2E	337	LAT041_8G	377	LAT046_6C	417	LAT032_10A
18	LAT002_2B	58	LAT006_11C	98	LAT009_10F	138	LAT013_11D	178	LAT023_7G	218	LAT028_3B	258	LAT031_9A	298	LAT036_2G	338	LAT042_2G	378	LAT046_6D	418	LAT032_10C
19	LAT002_7C	59	LAT007_2B	99	LAT009_10G	139	LAT014_3E	179	LAT023_8D	219	LAT028_5D	259	LAT031_9C	299	LAT036_3E	339	LAT042_4A	379	LAT046_6E	419	LAT032_11A
20	LAT002_9A	60	LAT007_2E	100	LAT009_11E	140	LAT014_4D	180	LAT023_8E	220	LAT028_5F	260	LAT031_11E	300	LAT036_5B	340	LAT042_6E	380	LAT046_6F	420	LAT034_2H
21	LAT002_10F	61	LAT007_2F	101	LAT010_2E	141	LAT014_5D	181	LAT023_9B	221	LAT028_8H	261	LAT033_2A	301	LAT036_5D	341	LAT042_8A	381	LAT046_6G	421	LAT034_4B
22	LAT002_11C	62	LAT007_4B	102	LAT010_2H	142	LAT014_5G	182	LAT023_9H	222	LAT028_10G	262	LAT033_2B	302	LAT036_5E	342	LAT042_8C	382	LAT046_7A	422	LAT034_5G
23	LAT002_11E	63	LAT007_5G	103	LAT010_3B	143	LAT014_5H	183	LAT024_2B	223	LAT028_11C	263	LAT033_2C	303	LAT036_5F	343	LAT042_8D	383	LAT046_7F	423	LAT034_6A
24	LAT002_11H	64	LAT007_6G	104	LAT010_4A	144	LAT014_7F	184	LAT024_3A	224	LAT029_2B	264	LAT033_3B	304	LAT036_5H	344	LAT042_8E	384	LAT046_8D	424	LAT034_6B
25	LAT003_2D	65	LAT007_7A	105	LAT010_4H	145	LAT014_8B	185	LAT024_4B	225	LAT029_2D	265	LAT033_4B	305	LAT036_6A	345	LAT042_8F	385	LAT046_8F	425	LAT034_6C
26	LAT003_2G	66	LAT007_7F	106	LAT010_5A	146	LAT014_8E	186	LAT024_5F	226	LAT029_2F	266	LAT033_9A	306	LAT036_7D	346	LAT042_8H	386	LAT046_9C	426	LAT034_6E
27	LAT003_3B	67	LAT007_9E	107	LAT010_7B	147	LAT014_8G	187	LAT024_6A	227	LAT029_2G	267	LAT033_9B	307	LAT036_9E	347	LAT043_2C	387	LAT047_2B	427	LAT034_6F
28	LAT003_5C	68	LAT007_9G	108	LAT010_8A	148	LAT014_9B	188	LAT024_7E	228	LAT029_2H	268	LAT033_9C	308	LAT036_10B	348	LAT043_5D	388	LAT047_2C	428	LAT034_6H
29	LAT003_7D	69	LAT007_9H	109	LAT010_10C	149	LAT016_6E	189	LAT024_8A	229	LAT029_3B	269	LAT033_9E	309	LAT036_11H	349	LAT043_5F	389	LAT047_4F	429	LAT034_7A
30	LAT003_7G	70	LAT007_11A	110	LAT010_11C	150	LAT016_7E	190	LAT024_8B	230	LAT029_3C	270	LAT033_9H	310	LAT037_2G	350	LAT043_5G	390	LAT047_5C	430	LAT034_7C
31	LAT003_7H	71	LAT007_11B	111	LAT010_11H	151	LAT016_8D	191	LAT024_8H	231	LAT029_3G	271	LAT033_10E	311	LAT037_3E	351	LAT043_6E	391	LAT047_6F	431	LAT034_7F
32	LAT003_8C	72	LAT007_11F	112	LAT011_2E	152	LAT016_8E	192	LAT024_10F	232	LAT029_4D	272	LAT033_11D	312	LAT037_8D	352	LAT043_7H	392	LAT030_2B	432	LAT034_7H
33	LAT003_8E	73	LAT008_2B	113	LAT011_3E	153	LAT016_10F	193	LAT025_2E	233	LAT029_5H	273	LAT035_2B	313	LAT037_10F	353	LAT043_8A	393	LAT030_2D	433	LAT034_8G
34	LAT003_9F	74	LAT008_2F	114	LAT011_4B	154	LAT016_11D	194	LAT025_4D	234	LAT029_6B	274	LAT035_2C	314	LAT037_10H	354	LAT043_9A	394	LAT030_2E	434	LAT034_8H
35	LAT003_10D	75	LAT008_3D	115	LAT011_5H	155	LAT017_2F	195	LAT025_6E	235	LAT029_6G	275	LAT035_2E	315	LAT038_3C	355	LAT043_9E	395	LAT030_2G	435	LAT034_9B
36	LAT003_11C	76	LAT008_4C	116	LAT011_6C	156	LAT017_6A	196	LAT025_8F	236	LAT029_7D	276	LAT035_2F	316	LAT039_2G	356	LAT043_10A	396	LAT030_3A	436	LAT034_9C
37	LAT003_11E	77	LAT008_4H	117	LAT011_7H	157	LAT018_6A	197	LAT025_9C	237	LAT029_8D	277	LAT035_2G	317	LAT039_3G	357	LAT043_10D	397	LAT030_3B	437	LAT034_10F
38	LAT004_4C	78	LAT008_6A	118	LAT011_8A	158	LAT018_8F	198	LAT025_9F	238	LAT029_8E	278	LAT035_3E	318	LAT039_4A	358	LAT044_2A	398	LAT030_3E	438	LAT034_10H
39	LAT004_5G	79	LAT008_7D	119	LAT011_8F	159	LAT018_9E	199	LAT025_11D	239	LAT029_8H	279	LAT035_3F	319	LAT039_4C	359	LAT044_2E	399	LAT030_3G	439	LAT034_11E
40	LAT004_6E	80	LAT008_8D	120	LAT011_9D	160	LAT020_7G	200	LAT026_4E	240	LAT029_9A	280	LAT035_4G	320	LAT039_5H	360	LAT044_4C	400	LAT030_4A		

4.3.2.2 Zweite Screening-Stufe

Im zweiten Screeningschritt wurden alle 439 „positiven“ Substanzen dreimal an sieben Tage alten *Arabidopsis*-Keimlingen getestet. Um Pipettierfehler (d. h. Verwechslung der Substanzen) möglichst zu vermeiden, bzw. die Verteilung der Substanzen zu vereinfachen, wurde auf eine Randomisation verzichtet und jede Substanz dreimal auf derselben Platte getestet. Somit wurden die 439 Substanzen auf insgesamt 17 Platten (16 Platten à 27 Substanzen + eine weitere Platte mit den restlichen 7 Substanzen) verteilt. Hier wurden die Platten W1-W16 (W = Wiederholungsplatte) nach dem Pipettierschema in Abbildung 4.30 a bestückt. Leere Wells bedeuten hierbei immer unbehandelte Keimlinge, d. h. Negativkontrollen. Falls in einem Well Kontaminationen auftraten, konnte auch auf ein „leeres“ Well ausgewichen werden.

	1	2	3	4	5	6	7	8	9	10	11	12	
A	1...406	9...414	17...422	25...430	1...406	9...414	17...422	25...430	1...406	9...414	17...422	25...430	A
B	2...407	10...415	18...423	26...431	2...407	10...415	18...423	26...431	2...407	10...415	18...423	26...431	B
C	3...408	11...416	19...424	27...432	3...408	11...416	19...424	27...432	3...408	11...416	19...424	27...432	C
D	4...409	12...417	20...425	NK	4...409	12...417	20...425	NK	4...409	12...417	20...425	NK	D
E	5...410	13...418	21...426	Oz	5...410	13...418	21...426	Oz	5...410	13...418	21...426	Oz	E
F	6...411	14...419	22...427	DMSO	6...411	14...419	22...427	DMSO	6...411	14...419	22...427	DMSO	F
G	7...412	15...420	23...428	leer	7...412	15...420	23...428	leer	7...412	15...420	23...428	leer	G
H	8...413	16...421	24...429	leer	8...413	16...421	24...429	leer	8...413	16...421	24...429	leer	H
	1	2	3	4	5	6	7	8	9	10	11	12	

a

	1	2	3	4	5	6	7	8	9	10	11	12	
A	433	Oz	433	Oz	433	Oz	363	363	363	leer	leer	leer	A
B	434	DMSO	434	DMSO	434	DMSO	364	364	364	leer	leer	leer	B
C	435	leer	435	leer	435	leer	365	365	365	leer	leer	leer	C
D	436	leer	436	leer	436	leer	366	366	366	leer	leer	leer	D
E	437	leer	437	leer	437	leer	367	367	367	leer	leer	leer	E
F	438	leer	438	leer	438	leer	368	368	368	leer	leer	leer	F
G	439	leer	439	leer	439	leer	369	369	369	leer	leer	leer	G
H	NK	leer	NK	leer	NK	leer	leer	leer	leer	leer	leer	leer	H
	1	2	3	4	5	6	7	8	9	10	11	12	

b

Abbildung 4.30 Pipettierschema der zweiten Screening-Stufe
a Platten W1-W16; b Platte W17

Bei Platte W17 (Abb. 4.30 b) waren, da nur sieben Substanzen getestet wurden, noch viele „leere“ Wells vorhanden, so dass die „positiven“ Substanzen aus der LATCA-Platte Nr. 45 hier ein zweites Mal getestet werden konnten, da in Platte PW14 50 µM versehentlich statt 25 µM pro Substanz eingesetzt wurden.

Die Auswertung erfolgte wie in der ersten Screening-Stufe ca. 24 h nach Zugabe der LATCA-Substanzen. Jedoch wurde die Wirkung der einzelnen Substanzen mit einem Boniturschema (0-4) bewertet:

- 0 = 100 % Fluoreszenz der Wurzel und des Keimlings
- 1 = 100 % Fluoreszenz der Wurzel und des Keimlings, sowie “geschwollene” Wurzeln
- 2 = Wurzeln mit bzw. ohne Fluoreszenz
- 3 = Ein größerer Anteil der Wurzeln zeigte keine Fluoreszenz
- 4 = Alle Wurzeln ohne Fluoreszenz

Substanzen, welche nach diesem Boniturschema bei mindestens zwei von drei Behandlungen die Note 3 oder 4 zeigten wurden als „positiv“ eingestuft. Außerdem wurden weitere Substanzen, die z. B. in jeder Behandlung die Boniturnote 1 oder höher erhielten als Kandidaten betrachtet.

Nach Auswertung der 17 Platten zeigte sich, dass 78 Substanzen als eindeutig „positiv“ und 96 Substanzen als Kandidaten bewertet werden konnten. Die 78 „positiven“ Substanzen sind in Tabelle 4.4 aufgeführt.

Tabelle 4.4 „Positive“ LATCA-Substanzen nach der zweiten Screeningstufe

Angezeigt werden jeweils eine fortlaufende Nummer, die Position auf der jeweiligen LATCA-Platte und die LATCA-ID

Nr.	LATCA-Position	LATCA ID	Nr.	LATCA-Position	LATCA ID	Nr.	LATCA-Position	LATCA ID	Nr.	LATCA-Position	LATCA ID
1	LAT001_6C	35	21	LAT010_10C	787	41	LAT035_5A	2745	61	LAT030_6G	2359
2	LAT001_9D	60	22	LAT012_4E	901	42	LAT035_6C	2755	62	LAT030_7B	2362
3	LAT001_11A	73	23	LAT013_8D	1012	43	LAT035_9D	2780	63	LAT030_7C	2363
4	LAT001_11C	75	24	LAT014_5H	1072	44	LAT035_9G	2783	64	LAT030_7D	2364
5	LAT002_7C	123	25	LAT022_8F	1734	45	LAT036_7G	2847	65	LAT032_9G	2543
6	LAT002_9A	137	26	LAT024_7E	1885	46	LAT037_3E	2893	66	LAT032_9H	2544
7	LAT002_11C	155	27	LAT024_8A	1889	47	LAT038_3C	2971	67	LAT032_10A	2545
8	LAT002_11E	157	28	LAT024_8B	1890	48	LAT039_5H	3004	68	LAT032_10C	2547
9	LAT002_11H	160	29	LAT025_2E	1925	49	LAT039_9B	3030	69	LAT034_4B	2658
10	LAT003_2D	164	30	LAT025_9C	1979	50	LAT042_8F	3266	70	LAT034_5G	2671
11	LAT003_2G	167	31	LAT027_4E	2101	51	LAT045_2H	3460	71	LAT034_6A	2673
12	LAT003_8C	211	32	LAT027_5G	2111	52	LAT046_2F	3538	72	LAT034_6C	2675
13	LAT003_11C	235	33	LAT027_6F	2118	53	LAT046_2H	3540	73	LAT034_6E	2677
14	LAT004_5G	271	34	LAT029_2D	2244	54	LAT046_3E	3545	74	LAT034_6F	2678
15	LAT004_7A	281	35	LAT029_3C	2251	55	LAT046_6C	3567	75	LAT034_7C	2683
16	LAT007_2E	485	36	LAT029_6G	2279	56	LAT046_9C	3591	76	LAT034_7F	2686
17	LAT007_9H	544	37	LAT029_8E	2293	57	LAT047_2B	3614	77	LAT034_8H	2696
18	LAT008_3D	572	38	LAT031_4E	2421	58	LAT030_2G	2327	78	LAT034_9B	2698
19	LAT008_4C	579	39	LAT033_2C	2563	59	LAT030_3B	2330			
20	LAT009_4A	657	40	LAT035_2C	2724	60	LAT030_3E	2333			

4.3.2.3 Dritte Screening-Stufe

In der zweiten Screening-Stufe konnten 78 LATCA-Substanzen als „positiv“ bewertet werden. Diese könnten als Fluoreszenzinhibitoren und somit möglicherweise depolymerisierend auf Mikrotubuli wirken. In einer dritten Screening-Stufe sollten diese 78 Substanzen noch genauer charakterisiert werden. Ein Ausbleiben von Fluoreszenz könnte auch durch Verlust an Vitalität der Keimlinge zustande kommen. Die Vitalität der Keimlinge nach Behandlung mit allen 78 Substanzen sollte daher überprüft werden. Jede Substanz wurde viermal auf vier unabhängigen Platten mit einer Inkubationsdauer von ~24 h nach folgendem Pipettierschema (Abb. 4.31) getestet. Zur Vermeidung von Pipettierfehlern erfolgte keine vollständige Randomisation.

	1	2	3	4	5	6	7	8	9	10	11	12	
A	NK	LAT001_6C	LAT002_9A	LAT007_9H	LAT022_8F	LAT027_6F	LAT030_6G	LAT032_9H	LAT034_7C	LAT035_9G	LAT046_2F	DMSO	A
B	Oz	LAT001_11A	LAT003_11C	LAT008_3D	LAT024_7E	LAT029_2D	LAT030_7B	LAT033_2C	LAT034_7F	LAT036_7G	LAT046_2H	NK	B
C	DMSO	LAT001_11C	LAT003_2D	LAT008_4C	LAT024_8A	LAT029_3C	LAT030_7C	LAT034_4B	LAT034_8H	LAT037_3E	LAT046_3E	Oz	C
D	NK	LAT001_9D	LAT003_2G	LAT009_4A	LAT024_8B	LAT029_6G	LAT030_7D	LAT034_5G	LAT034_9B	LAT038_3C	LAT046_6C	DMSO	D
E	Oz	LAT002_11C	LAT003_8C	LAT010_10C	LAT025_2E	LAT029_8E	LAT031_4E	LAT034_6A	LAT035_2C	LAT039_5H	LAT046_9C	NK	E
F	DMSO	LAT002_11E	LAT004_5G	LAT012_4E	LAT025_9C	LAT030_2G	LAT032_10A	LAT034_6C	LAT035_5A	LAT039_9B	LAT047_2B	Oz	F
G	NK	LAT002_11H	LAT004_7A	LAT013_8D	LAT027_4E	LAT030_3B	LAT032_10C	LAT034_6E	LAT035_6C	LAT042_8F	leer	DMSO	G
H	Oz	LAT002_7C	LAT007_2E	LAT014_5H	LAT027_5G	LAT030_3E	LAT032_9G	LAT034_6F	LAT035_9D	LAT045_2H	leer	leer	H
	1	2	3	4	5	6	7	8	9	10	11	12	

Abbildung 4.31 Pipettierschema der dritten Screening-Stufe
Angezeigt wird jeweils die Position der Substanzen in der LATCA-Bibliothek

Nach Beendigung der Inkubation wurden die Substanzen aus jedem Well vorsichtig abpipettiert und die Keimlinge dreimal mit sterilem ddH_2O gewaschen und in frischem Pipettiermedium ohne Inhibitoren in den Platten kultiviert. Nach vier Tagen erfolgte eine erste Auswertung. Es wurden alle vier Platten, wie in Abbildung 4.32 gezeigt, fotografiert und die Keimlinge in jedem Well unter einem Mikroskop begutachtet. Zu diesem Zeitpunkt konnten keine eindeutigen Aussagen über die Vitalität der Keimlinge gemacht werden, da sich teilweise auch unbehandelte Keimlinge noch nicht entwickelt hatten (Abb. 4.32 Ausschnitt oben). Deutlich zu beobachten war in einigen Wells, dass die Keimlinge grüne Blätter hatten und ein starkes Wachstum zeigten (Vgl. Abb. 4.32 Ausschnitt unten).

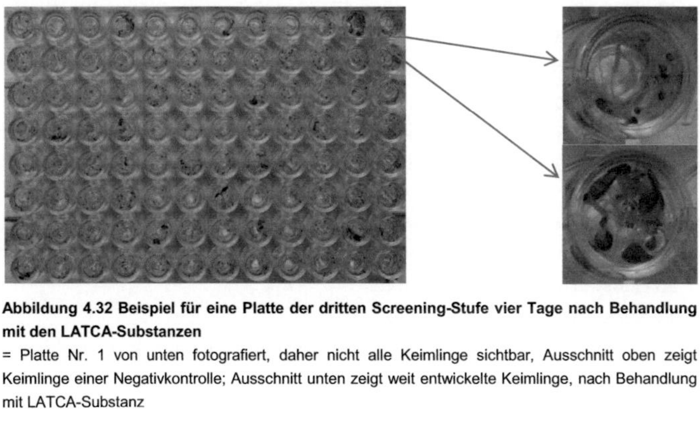

Abbildung 4.32 Beispiel für eine Platte der dritten Screening-Stufe vier Tage nach Behandlung mit den LATCA-Substanzen
= Platte Nr. 1 von unten fotografiert, daher nicht alle Keimlinge sichtbar, Ausschnitt oben zeigt Keimlinge einer Negativkontrolle; Ausschnitt unten zeigt weit entwickelte Keimlinge, nach Behandlung mit LATCA-Substanz

Zur Überprüfung der Vitalität wurden die Keimlinge auf Erde umgepflanzt und im Gewächshaus kultiviert. Hierfür wurde jeweils die Hälfte der Keimlinge (Platten 1 + 2) auf Aussaaterde gelegt und die andere Hälfte der Keimlinge für drei Tage weiter in den Platten kultiviert (Platten 3 + 4) und dann ebenfalls auf Erde gelegt. Hierbei wurde pro Behandlungsvariante jeweils ein Kulturgefäß mit den Keimlingen aus allen vier Platten (Abb. 4.33 a) bestückt. Desweiteren wurden die Kulturgefäße so auf Euroschalen angeordnet, dass eine einfache Zuordnung zur früheren Plattenposition und somit zur LATCA-Substanz möglich war (s. a. Abb. 4.33 b).

Die Keimlinge wurden bis vor Samenreife mindestens zweimal pro Woche fotografiert. Vor der Samenreife wurde der Habitus der Pflanzen aller Gruppen bewertet. Die Pflanzen wurden danach verworfen.

Abbildung 4.33 Verteilung von Keimlingen einzelner Behandlungen der dritten LATCA Screening-Stufe auf Aussaaterde

a Skizze eines Kulturgefäßes, d. h. einer Variante; b Anordnung der Töpfchen, Position des Töpfchen = Position der Behandlung auf einer 96-Well-Platte

Pro Kulturgefäß wurde an zwei Terminen dokumentiert, bei welcher Versuchsdurchführung (Platte 1 – 4) Pflanzen gebildet wurden. Am ersten Termin, ca. vier Wochen nach Behandlung mit den LATCA-Substanzen, wurde ermittelt, bei welcher Substanz sich Pflanzen entwickeln konnten. Am zweiten Termin, ca. acht Wochen nach Behandlung mit den LATCA-Substanzen, wurde gezählt, bei welcher Behandlung Pflanzen bis zur Blütenbildung heranwuchsen. Die Ergebnisse sind in Tabelle 4.5 zusammengefasst.

Schaut man auf die Werte der Kontrollen so lässt sich erkennen, dass bei den Negativkontrollen (ddH_2O, bzw. DMSO) im Schnitt bei drei von vier Behandlungen Pflanzen gebildet wurden bzw. Pflanzen zur Blütenbildung heranwuchsen. Betrachtet man hingegen die Werte der Positivkontrolle Oryzalin, so konnte sich nach keiner Behandlung aus den Keimlingen eine Pflanze entwickeln. Fasst man nach Behandlung mit LATCA-Substanzen die Werte der zweiten Evaluation (Blütenbildung) zusammen, so zeigt sich, dass:

- bei 10 Substanzen aus allen Platten,
- bei 18 Substanzen aus drei Platten,
- bei 23 Substanzen aus zwei Platten,
- bei 14 Substanzen aus einer Platte,
- bzw. bei 13 aus keiner Platte Pflanzen bis zur Blütenbildung heranwuchsen.

Tabelle 4.5 Anzahl der Versuchsdurchführungen, bei denen 4, bzw. 8 Wochen nach Behandlung mit den LATCA-Substanzen Pflanzen / Pflanzen bis zur Blütenbildung heranwuchsen

LATCA-Substanz	Pflanze	Blüte	LATCA-Substanz	Pflanze	Blüte	LATCA-Substanz	Pflanze	Blüte
LAT001_6C	4	4	LAT024_8A	3	3	LAT034_6A	1	1
LAT001_11A	0	0	LAT024_8B	4	2	LAT034_6C	2	1
LAT001_11C	1	0	LAT025_2E	4	2	LAT034_6E	4	3
LAT001_9D	2	0	LAT025_9C	3	2	LAT034_6F	2	2
LAT002_11C	0	0	LAT027_4E	4	4	LAT034_7C	4	4
LAT002_11E	4	4	LAT027_5G	1	1	LAT034_7F	4	4
LAT002_11H	4	3	LAT027_6F	3	1	LAT034_8H	4	3
LAT002_7C	0	0	LAT029_2D	4	3	LAT034_9B	3	2
LAT002_9A	3	2	LAT029_3C	1	1	LAT035_2C	4	2
LAT003_11C	4	3	LAT029_6G	3	3	LAT035_5A	4	4
LAT003_2D	1	0	LAT029_8E	0	0	LAT035_6C	4	2
LAT003_2G	4	4	LAT030_2G	4	3	LAT035_9D	2	2
LAT003_8C	4	4	LAT030_3B	0	0	LAT035_9G	3	2
LAT004_5G	4	3	LAT030_3E	3	3	LAT036_7G	2	1
LAT004_7A	4	4	LAT030_6G	4	2	LAT037_3E	1	1
LAT007_2E	4	4	LAT030_7B	1	1	LAT038_3C	2	2
LAT007_9H	0	0	LAT030_7C	1	1	LAT039_5H	2	1
LAT008_3D	1	0	LAT030_7D	2	2	LAT039_9B	3	2
LAT008_4C	3	3	LAT031_4E	4	3	LAT042_8F	1	0
LAT009_4A	3	3	LAT032_10A	3	2	LAT045_2H	4	1
LAT010_10C	4	3	LAT032_10C	1	1	LAT046_2F	2	2
LAT012_4E	4	3	LAT032_9G	2	2	LAT046_2H	3	2
LAT013_8D	3	2	LAT032_9H	1	1	LAT046_3E	2	0
LAT014_5H	3	3	LAT033_2C	3	2	LAT046_6C	2	2
LAT022_8F	3	3	LAT034_4B	3	3	LAT046_9C	2	2
LAT024_7E	1	0	LAT034_5G	3	2	LAT047_2B	1	1

NK Ø	3,1	2,8
DMSO Ø	3,2	2,6
Oz Ø	0	0

Summiert man hier alle Behandlungen, bei denen bei mindestens zwei (oder mehr) der Durchführungen Pflanzen bis zur Blütenbildung heranwuchsen, so bleiben von den LATCA-Substanzen noch 51 als mögliche Colchicin-Alternativen übrig.

4.4 Untersuchung des Mechanismus der Haploideninduktion

Der erste Schritt der DH-Technik bei Mais, nämlich die Haploideninduktion, kann durch höhere Induktionsraten die Effektivität der Methode verbessern. Hier könnte außerdem die Aufklärung des Induktions-Mechanismus zur Verbesserung beitragen. Daher wurde in einem zusätzlichen Experiment versucht, den Mechanismus genauer zu untersuchen. Hierfür wurden Kolben der Linie A188 mit Pollen einer transgenen Inducer-Linie (mit GFP-Marker) bestäubt, Nucellus-Explantate isoliert, auf Medium kultiviert und unter UV-Licht betrachtet. Hierbei wurde erwartet, dass nach erfolgreicher Befruchtung der Zentralzelle bei allen Explantaten ein GFP-Signal im Endosperm zu sehen sein sollte. Außerdem wurden die folgenden Fälle, in Abhängigkeit vom Induktionsmechanismus, erwartet:

- bei keiner, bzw. nicht erfolgreicher Befruchtung der Eizelle kein GFP-Signal im Bereich des späteren Embryo,
- bzw. nach erfolgreicher Befruchtung der Eizelle ein GFP-Signal in der Zygote / Embryo, welches bei Chromosomenelimination im Verlauf der Kultur verschwindet

Bei den meisten Explantaten zeigte sich bei Betrachtung unter sichtbarem Licht bereits kurz nach der Isolation und Kultivierung auf Maismedium eine Größenzunahme in Form von Kallus (s. a. Abb. 4.34).

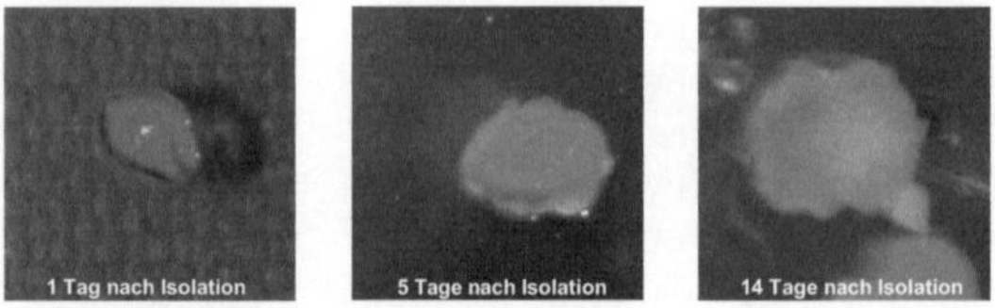

Abbildung 4.34 Kulturverlauf von „Maislinsen"

Bei Betrachtung der Explantate unter UV-Licht konnten, egal zu welchem Zeitpunkt nach der Isolation, verschiedene Varianten in Bezug auf das Vorhandensein eines GFP-Signals beobachtet werden. Bei Explantaten der Negativkontrolle (A188 geselbstet) konnte, wie erwartet kein GFP-Signal, sondern nur Eigenfluoreszenz detektiert werden (Abb. 4.35 a). Hingegen zeigten Explantate der Positivkontrolle (RWS 35S::GFP geselbstet) alle ein gleichmäßig verteiltes GFP-Signal (Abb. 4.35 b). Bei Explantaten von A188 Kolben, die mit transgenem Pollen bestäubt wurden, konnten hingegen die folgenden Fälle beobachtet werden:

- Explantate, die vor allem, wie die Negativkontrolle Eigenfluoreszenz zeigten (Abb. 4.35 c).
- Explantate, bei denen eine deutliche Zunahme an Fluoreszenz detektiert wurde (Abb. 4.35 d).

Die Stärke der Fluoreszenz im zweiten Fall war hier deutlich höher, als die Eigenfluoreszenz der Negativkontrolle, jedoch auch geringer, als das Signal der Positivkontrolle. Desweiteren war das Signal relativ gleichmäßig über das Explantat verteilt und es konnten somit keine punktuellen Signale (z. B. im Bereich der Zygote) detektiert werden. Somit konnte mittels der Explantate nicht verfolgt werden, ob sich das Fluoreszenzsignal im Bereich der Zygote, bzw. des späteren Embryos verändert.

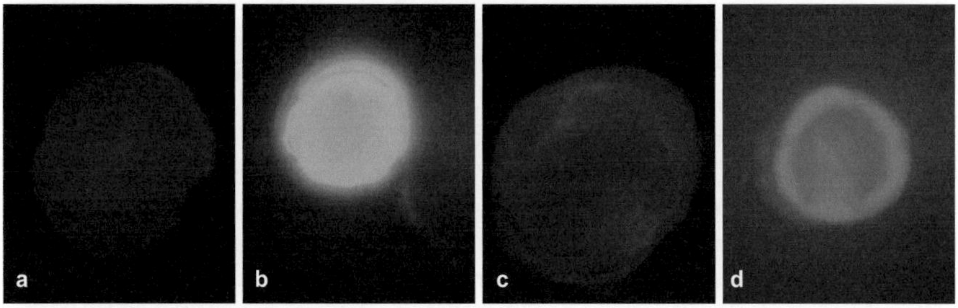

Abbildung 4.35 Isolierte „Maislinsen“ unter UV-Licht betrachtet.
a Negativkontrolle (A188 geselbstet); b Positivkontrolle (RWS::GFP geselbstet); c und d A188XRWS::GFP mit Eigenfluoreszenz (c) bzw. mit deutlicher Fluoreszenzzunahme (d)

Desweiteren konnte nicht immer eine zuverlässige Bestäubung durchgeführt werden (keine synchrone Blüte, schlechte Pollenbildung), so dass die bisher erlangten Ergebnisse keine Schlüsse auf einen möglichen Mechanismus zu ließen. Weitere detaillierte Experimente konnten aus zeitlichen Gründen nicht durchgeführt werden.

5. Diskussion

Das Ziel der vorliegenden Arbeit war es, die Effizienz der Doppelhaploidentechnik bei Mais vor allem durch die Ermittlung von Colchicin-Alternativen für die Verdopplung des Chromosomensatzes haploider Pflanzen zu verbessern. Diese Alternativen sollten sich vor allem durch verminderte Toxizität für Anwender und Umwelt auszeichnen, so dass ein Einsatz der DH-Technik z.B. auch in Ländern mit schlechter Infrastruktur bezüglich der Gefahrgutentsorgung erleichtert wird. Hierfür wurden zunächst durch die Behandlung von Wurzelspitzen diploider Keimlinge mögliche Alternativ-Behandlungen evaluiert. Im zweiten Teil wurden die Parameter zur Inkubation mit Inhibitoren optimiert und auf haploide Maiskeimlinge angewandt. Zur Entdeckung neuer „Mitoseblocker" wurde im dritten Teil der Arbeit mittels Hochdurchsatz-Screening eine Bibliothek chemischer Substanzen (LATCA) mit *A. thaliana* durchmustert. Und im vierten Teil wurde der Mechanismus der Haploideninduktion untersucht, um somit möglicherweise Verbesserungsmöglichkeiten für den ersten Schritt der DH-Technik aufzeigen zu können.

Aufgrund der Tatsache, dass sich die im Rahmen der vorliegenden Arbeit durchgeführten Experimente somit in vier Hauptkomplexe aufteilen lassen, werden diese im Folgenden jeweils getrennt diskutiert.

5.1 Bestimmung möglicher Colchicin-Alternativen durch die Behandlung von Maiswurzeln

Um mögliche Alternativ-Behandlungen zur Hemmung der Mitose und somit Verdopplung von Chromosomensätzen in Maispflanzen schnell und effektiv beurteilen zu können, wurde zunächst ein geeignetes Test-System benötigt. Es zeigte sich, dass das Wurzelspitzenmeristem von Maiskeimlingen hierzu gut geeignet ist. Zum einen stehen Wurzeln schnell und in ausreichender Menge zur Verfügung. Zum anderen kann man durch Behandlung eines Meristems, welches als Charakteristikum eine hohe Zellteilungsaktivität aufweist (Raven *et al.*, 2006), leicht Mitosehemmer detektieren. Desweiteren eignet sich die Behandlung des Wurzelmeristems sehr gut, da Wurzeln das Aufnahmeorgan der Pflanze darstellen (Richter, 1998) und somit einfach durch Chemikalien erreichbar sind. Als Test-System wurden die Wurzeln von Keimlingen der diploiden Linie A188 ausgewählt. Es wurde davon ausgegangen, dass Methoden, die in Diploiden die Mitose hemmen auch in Haploiden einen vergleichbaren Effekt zeigen würden. Außerdem konnte das Saatgut in ausreichender Menge selbst vermehrt werden, was bei haploidem Saatgut nicht der Fall war. Mit diesem Test-System wurden physikalische Methoden und chemische Substanzen als mögliche Colchicin-Alternativen evaluiert. Als Positivkontrolle für einen erfolgreichen Mitoseblock wurde Colchicin eingesetzt, das sehr effektiv wirkte. Außerdem wurde ein direkter Vergleich zwischen Colchicin und möglichen Alternativen möglich. Maiskeimlinge wurden mit einer Konzentration von 1,25 mM Colchicin behandelt (Pan *et al.*, 1993).

Behandlung mit Chemikalien

Als mögliche Colchicin-Alternativen konnten verschiedene chemische Substanzen basierend auf einer Literatursuche ausgewählt werden (vgl. Tab. 3.1). Es wurden hierfür Substanzen aus älteren Literaturangaben (Koffein); selten erwähnte Chemikalien (Griseofulvin), sowie relativ häufig in der Literatur erwähnte chemische Substanzen (APM, Oryzalin, Pronamid und Trifluralin) ausgewählt, welche vor allem bei anderen Pflanzenarten, teilweise jedoch auch schon bei Mais (Gewebekultur) einen polyploidisierenden Effekt gezeigt hatten (z. B. Schiavo *et al.*, 1980; Galatis & Apostolakos, 1991; Wan *et al.*, 1991). Ein wesentliches Auswahlkriterium war eine geringere Toxizität für Mensch, Tier und Umwelt im Vergleich mit Colchicin. Hier kam vor allem die Toxizität per se (d. h. laut Gefahrenkennzeichnung) in Betracht, sowie die Toxizität durch die eingesetzte Konzentration, und die Spezifität für Säuger- bzw. Pflanzenspindeln. Somit wurden Substanzen wie z. B. Podophyllotoxin aufgrund der hohen Toxizität, oder Vinka-Alkaloide vor allem aufgrund ihres hohen Preises nicht in Betracht gezogen.

Durch Bestimmung des Mitoseindex behandelter Wurzelspitzen wurden die Substanzen evaluiert. Alle getesteten Kandidaten erzeugten eine leichte bis starke Erhöhung des Anteils mitotischer Zellen im Vergleich zu unbehandelten Wurzeln.

Bei der Bestimmung des Anteils von Zellen behandelter Wurzelspitzen mit erhöhtem Chromatingehalt im Durchflusszytometer konnte für Griseofulvin keine deutliche Veränderung des Anteils der Zellen mit 8 C-Gehalt festgestellt werden. Außerdem wird bei dieser Substanz eine fruchtschädigende Wirkung vermutet (Gillick & Bulmer, 1972), weshalb sie nicht weiter eingesetzt wurde.

Behandlungen mit Koffein führten zwar zu einer Erhöhung der Zellen mit 8 C-Gehalt, verglichen mit der Colchicin-Behandlung waren die Werte jedoch relativ gering. Außerdem war die benötigte Konzentration dieser Behandlung mit 5 mM relativ hoch. Desweiteren könnte die Wirkweise von Koffein, welches vor allem bei der Bildung des Phragmoplasten die Golgi-Vesikel blockiert (López-Sáez *et al.*, 1982) und damit sehr spät im Verlauf der Mitose eingreift, ein Grund für die relativ geringe Effizienz bei der Verdopplung des Chromosomensatzes sein. Koffein wurde daher in der vorliegenden Arbeit nicht weiter als Colchicin-Alternative betrachtet.

Die Behandlung von Maiswurzeln mit Trifluralin erhöhte den Anteil an Zellen mit 8C-Gehalt. Jedoch war auch hier, wie bei Koffein-Behandlung die Effizienz verglichen mit Colchicin relativ gering. Ähnliche Ergebnisse, d. h. geringe Aufdopplungsraten beschrieben auch Wan *et al.* (1991) bei Behandlung von haploidem Maiskallus mit Trifluralin. Aufgrund dieser Ergebnisse und weil Trifluralin zum einen für Wasserorganismen sehr toxisch ist und zum anderen der Verdacht auf krebsfördernde Wirkung besteht (Kang *et al.*, 2008), wurde diese Substanz nicht weiter eingesetzt.

Im Gegensatz hierzu standen die Ergebnisse nach einer Behandlung mit APM, Oryzalin und Pronamid. Bei allen drei Herbiziden wurden vergleichbare Werte, wie nach einer Colchicin-Behandlung erreicht. Alle drei Chemikalien zeigten das Behandlungsoptimum bei 8 h und wirkten bereits in sehr geringen Konzentrationen (10 µM – 40 µM). Außerdem zeigten alle Keimlinge nach Chemikalien-Behandlung, mit einigen Ausnahmen nach Oryzalin-

Behandlung, deutliche Regeneration der behandelten Wurzeln. Auch Upadhyaya & Noodén (1977) sowie Bajer & Molè-Bajer (1986) beschrieben bereits, dass diese Herbizide einen ähnlichen Wirkmechanismus wie Colchicin aufweisen. Vergleicht man die Kosten für einen Liter Gebrauchslösung und die Toxizität von APM, Oryzalin, bzw. Pronamid mit Colchicin, so erwiesen sich alle drei Herbizide als deutlich kostengünstiger und mindergiftig als Letzteres. Desweitern unterstreichen mehrere Studien (Bartels & Hilton, 1973; Morejohn & Fosket, 1984; Bajer & Molè-Bajer, 1986; Hugdahl & Morejohn, 1993), dass die Herbizide keine Affinität zu Spindeln tierischen Ursprungs (Frosch, Rind, Schwein) besitzen, bzw. diese nicht depolymerisierten. Somit wäre einerseits der Einsatz dieser Substanzen deutlich weniger gefährlich für den Anwender, als Colchicin und andererseits durch eine höhere Affinität zu Pflanzenspindeln möglicherweise auch effektiver. Basierend auf den erzielten Ergebnissen an Maiswurzeln könnten APM, Oryzalin und Pronamid eine Alternative zu Colchicin sein (Häntzschel & Weber, 2010).

In mehreren Versuchen wurde getestet, ob sich die Wirkung der drei möglichen Colchicin-Alternativen noch weiter verbessern ließ. Zugabe von Detergenzien wie Tween©20 oder dem Lösungsmittel DMSO zeigte keine Wirkung. Möglicherweise war die Aufnahmekapazität der Wurzeln per se schon erreicht.

Synchronisation von Zellen mit Hydroxyharnstoff (HU) könnte die Effektivität des Mitoseblocks erhöhen. Entsprechend der Arbeiten von Lee *et al.* (1996), Doležel *et al.* (1999) sowie Carvalho *et al.* (2002), wurde eine Inkubation mit HU für 18 h durchgeführt. Anschließend an einen Recovery-Schritt folgte eine vierstündige Behandlung mit einem Mitoseinhibitor. Nach Behandlung der Maiswurzeln mit Hydroxyharnstoff wurde kein deutlich höherer Anteil aufgedoppelter Zellen gegenüber Colchicin, bzw. Pronamidbehandlung beobachtet, weshalb dieser Ansatz nicht weiter verfolgt wurde. Eine mögliche Begründung für diese Ergebnisse könnte sein, dass die Behandlungsparameter nicht optimal gewählt wurden. So könnte z. B. die HU-Behandlung mit 18 h, oder die Recovery-Zeit von 4 h zu lange gewesen sein. Möglicherweise ist die Effektivität der HU-Behandlung auch vom jeweiligen Genotyp abhängig, was jedoch im Rahmen der vorliegenden Arbeit aus zeitlichen Gründen nicht mehr getestet werden konnte.

Neben Hydroxyharnstoff erwies sich eine Kältebehandlung in einer Studie von Olszewska *et al.* (1990) an *Vicia faba* L. als teilweise synchronisierend auf die Zellen des Wurzelmeristems. Aufgrund dessen und da auch in dieser Arbeit nach Kältebehandlung ein Wachstumsstopp der behandelten Maiswurzeln festgestellt werden konnte, wurde versucht die Effektivität von Mitoseinhibitoren durch eine vorherige Kältebehandlung zu verbessern. Es zeigte sich, dass bei Colchicin, sowie bei APM, Oryzalin und Pronamid durch eine Kältevorbehandlung der Anteil der Zellen mit 8 C-Gehalt nicht erhöht werden konnte. Teilweise führte die Kältebehandlung sogar zu einer Verringerung der Mitoseinhibition. Eine Ursache könnte sein, dass die Maiskeimlinge zu kälteempfindlich waren und Zellen nach der Kältebehandlung nicht weiter im Zellzyklus fortschreiten konnten.

Durch eine kombinierte Behandlung mit den Mitoseinhibitoren APM, Oryzalin und Pronamid könnte ebenfalls eine Erhöhung der Verdopplungsrate der Chromosomensätze erreicht werden. Es zeigte sich jedoch, dass die einzeln angewandten Substanzen eine höhere

Ausbeute an Zellen mit 8 C-Gehalt bewirkten. Eine mögliche Begründung könnte sein, dass die Chemikalien aufgrund ähnlicher Wirkmechanismen die gleichen Bindungsstellen nutzen und dadurch als Antagonisten wirken (Murthy *et al.*, 1994). Ein möglicher Lösungsansatz, um zu testen, ob sich die Effektivität der Chemikalien durch Kombination noch verbessern ließ, wäre z. B. eine sukzessive Anwendung der Substanzen.

Physikalische Methoden

Bei den physikalischen Methoden kamen erhöhter atmosphärischer Druck, eine Behandlung im elektrischen Feld, sowie die Inkubation der Keimlinge unter Temperaturextremen zum Einsatz.

Erhöhter Druck auf HeLa-Zellen bewirkte eine Depolymerisierung der Spindeln (Salmon *et al.* 1976). Desweiteren konnten vor allem in der Amphibien- und Fischforschung (Griffiths, 1941; Reinschmidt *et al.*, 1979; Zhang & Onozato, 2004; Foisil & Chourrout, 2008) durch erhöhten atmosphärischen Druck Veränderungen des Ploidiegrades erreicht werden. Daher sollte im Rahmen der vorliegenden Arbeit getestet werden, ob sich ein solcher Effekt auch bei Behandlung von Maiskeimlingen erreichen lässt. Nach Bestimmung des Mitoseindex behandelter Wurzelspitzen zeigte sich jedoch, dass erhöhter atmosphärischer Druck (2 h bis mehrere Tage) keine Erhöhung von mitotischen Zellen erzeugte. Eine mögliche Ursache hierfür wäre z. B., dass die Stärke des Überdrucks mit 4 bar zu gering war, um die Mikrotubuli zu depolymerisieren. Möglich wäre auch, dass die Mikrotubuli zwar depolymerisiert wurden, aber nach Beendigung der Behandlung wieder polymerisierten und somit keine Hemmung der Mitose stattfand.

Die Behandlung von Keimlingen im elektrischen Feld könnte ebenfalls einen Effekt auf die Mikrotubuli-Architektur haben. In den durchgeführten Experimenten konnte keine Erhöhung der Chromosomenzahl beobachtet werden. Vielmehr starben die Keimlinge nach der Behandlung ab. Aufgrund der geringen Überlebensrate der Keimlinge wurde dieser Ansatz nicht weiter verfolgt.

Aufgrund der Tatsache, dass bspw. Randolph (1932), Sax (1937) und Dermen (1938) bei Mais durch Anwendung von Temperaturextremen Veränderungen der Mikrotubuli-Organisation, bzw. Erhöhung der Ploidiestufe erreichten, wurde diese Behandlung als mögliche Colchicin-Alternative in Betracht gezogen. Bei Behandlung der A188 Wurzelspitzen mit erhöhten Temperaturen konnten in der vorliegenden Arbeit jedoch keine verdoppelten Chromosomensätze detektiert werden. Außerdem zeigte sich die Vitalität der Keimlinge (bei Temperaturen ab 40° C) stark beeinträchtigt. Einzig eine Behandlung bei niedrigen Temperaturen zwischen 4 und 6 ° C für drei Tage zeigte einen erhöhten Mitoseindex und bei Messungen des DNA-Gehalts extrahierter Zellen im Zytometer einen leichten Anstieg von Zellen mit 8 C-Gehalt. Die Effizienz der Behandlung war gering und es wurden aneuploide Zellen entdeckt. Dass Kälte depolymerisierend auf Mikrotubuli wirkt war bekannt (Nick, 2000). Vielleicht war die Wirkung zu gering, bzw. regenerierten die Mikrotubuli, so dass kein Mitoseblock, bzw. kein vollständiger Mitoseblock zustande kam.

Keine der getesteten physikalischen Methoden konnte aufgrund der erzielten Ergebnisse als Colchicin-Alternative eingesetzt werden. Möglicherweise könnten die Behandlungen noch weiter optimiert werden, bzw. eine Kombination unterschiedlicher physikalischer Reize zur Depolymerisation der Mikrotubuli führen. Hierfür müssten die Methoden an mehreren Mais-Genotypen und vor allem an haploidem Pflanzenmaterial getestet werden.

Ein weiterer Ansatz zu Verdopplung von Chromosomensätzen könnte der Einsatz einer Druckbehandlung mit Distickstoffmonoxid (Lachgas) sein. So erzeugten Kato und Birchler (Kato, 2002; Kato & Birchler, 2006) bei Behandlung von haploiden und diploiden Maispflanzen mit Lachgas diploide bzw. tetraploide Pflanzen.

5.2 Behandlung von Maiskeimlingen mit Colchicin-Alternativen

Nach Behandlung von Wurzelspitzen konnten die Herbizide APM, Oryzalin und Pronamid als mögliche Colchicin-Alternativen identifiziert werden (Häntzschel & Weber, 2010). Diese sollten daher zur Behandlung von Maiskeimlingen eingesetzt werden. Zuvor mussten jedoch zunächst geeignete Inkubationsbedingungen zur Behandlung von Maiskeimlingen ermittelt werden. Dies erfolgte vor allem aus Kostengründen durch Behandlung von diploidem Pflanzenmaterial und teilweise nur mit den Kontrollen (ddH_2O und Colchicin).

Vorbehandlung

Es wurden verschiedene Ansätze verfolgt, die Effizienz der Colchicinbehandlung durch Vorbehandlung des Saatguts bzw. der Maiskeimlinge zu erhöhen. Als mögliche Vorbehandlungen wurden Kältebehandlung, Vorquellen des Saatguts, Verletzen des Saatguts / Keimlings, bzw. Vakuuminfiltration evaluiert.

Eine Synchronisation der Keimung konnte weder durch eine Kältebehandlung, noch durch Vorquellen des Saatguts erreicht werden. Auch durch eine Verletzung des Saatguts (Entfernung des Perikarps) bzw. des Keimlings (Sproßspitze, Gayen *et al.* (1994)) mit dem Ziel das Sproßapikalmeristem (SAM) leichter für Colchicin zugänglich zu machen, zeigte in der vorliegenden Arbeit keine Verbesserung der Ausbeute von Zellen mit aufgedoppeltem Chromosomensatz. Durch die Verletzung sank hingegen die Vitalität der Keimlinge. Aufgrund dessen und aufgrund des erhöhten Aufwands durch eine Vorbehandlung, wurde daher diese Methode später nicht zur Behandlung von haploidem Maissaatgut eingesetzt. Im Allgemeinen könnte eine Verbesserung der Vorbehandlung, wie z. B. geringere Verletzungen eine Verbesserung der Colchicin-Wirkung mit sich bringen. Um diese Möglichkeiten zu testen, müsste ein größerer Probenumfang an haploidem Saatgut eingesetzt werden. Die nötige Saatgutmenge stand im Rahmen der vorliegenden Arbeit nicht zur Verfügung. Denkbar wäre hier zum Beispiel auch eine Vorbehandlung des Saatguts, bzw. der Keimlinge mit Ultraschall.

Bei Vakuuminfiltration konnte gezeigt werden, dass die Lösung besser vom Keimling aufgenommen wurde. Nach Behandlung von Keimlingen mit Colchicin mit und ohne vorgeschaltete Vakuuminfiltration konnte das Experiment aufgrund verschiedener technischer Probleme nicht genau ausgewertet werden. Nach einer visuellen Bonitur konnten jedoch keine Unterschiede zwischen den Varianten festgestellt werden, weshalb dieser Ansatz nicht weiter verfolgt wurde. Um die Vakuuminfiltration genauer bewerten zu können müssten jedoch noch weitere Untersuchungen durchgeführt werden.

Keimung in einer Lösung mit Inhibitor

Aufgrund der Tatsache, dass Stammzellen des SAM auch in Gameten differenzieren (Jackson, 2009), wurde versucht, so früh wie möglich eine Verdopplung des Chromosomensatzes durchzuführen. Hierfür wurde Saatgut zunächst direkt in Gegenwart des Inhibitors angekeimt. In diesem Experiment konnte nicht entschieden werden, ob die beobachtete geringe Keimrate auf den Inhibitor selbst, oder auf das Saatgut zurückzuführen war. Daher wurde darauffolgend das Saatgut vorgekeimt, bevor es mit dem Inhibitor behandelt wurde. Nach 96 h Inkubation zeigte sich bei allen behandelten Keimlingen im Vergleich zur Negativkontrolle ein extrem gestauchtes Wachstum. Bei Bestimmung des Chromatin-Gehalts der Zellen aus Wurzel, SAM und Sproßspitze der verschiedenen Behandlungen konnte eine leichte Zunahme der Zellen mit 8 C-Gehalt verglichen zur Negativkontrolle detektiert werden. Diese Zunahme fiel jedoch vergleichsweise gering aus und die Messwerte zeigten außerdem sehr hohe Standardabweichungen. Somit zeigte sich Keimung von Samen auf einem Inhibitor als relativ ineffizient im Hinblick auf die Erzeugung von Zellen mit 8 C-Gehalt. Die Beobachtungen, dass alle Keimlinge nach Auspflanzen in Erde abstarben, legt den Schluss nahe, dass durch die Keimung auf einem Inhibitor irreversible Schäden im Keimling verursacht wurden. Die Beobachtungen zeigten, dass eine Keimung auf Inhibitor nicht zur Erzeugung von Doppelhaploiden geeignet war.

Vergleich von Behandlungsmethoden

Zur Behandlung von Maiskeimlingen wurden drei verschiedene Methoden verglichen. Die Behandlung auf mit Inhibitor getränktem Keimpapier, die Inkubation in Schott-Flaschen direkt in einer Lösung mit Inhibitor und die Inkubation in einer Inhibitorlösung, die regelmäßig im RITA-System belüftet wurde. Nach Auswertung der Ergebnisse zeigte sich, dass Keimlinge auf Keimpapier, sowie im RITA-System nahezu 100 % vital waren. Nach Behandlung in Schott-Flaschen hingegen konnten nur sehr geringe Vitalitätsraten detektiert werden. Auch die Zugabe von Gibberellinsäure zur jeweiligen Behandlungslösung konnte die Vitalität nicht verbessern. Außerdem berichten Huang & Lloyd (1999), dass Gibberellin eine stabilisierende Wirkung auf Mikrotubuli haben kann und somit wäre eine mögliche Hemmung des Inhibitors nicht ausgeschlossen gewesen. Es ist davon auszugehen, dass die geringe Vitalität in Schott-Flaschen auf die teilweise anaeroben Bedingungen zurückzuführen war. Die Belüftung der Inhibitorlösung im RITA-System konnte die Vitalität der Keimlinge im Vergleich zu Flascheninkubation deutlich erhöhen. Ähnliche Beobachtungen berichteten auch schon Aalders & Hall (1963) bei Colchicinbehandlung von keimenden Blaubeer-Samen.

Anschließend sollte die Effektivität durch Vergleich der Anteile der Zellen mit 8 C-Gehalt nach Behandlung der Keimlinge auf Keimpapier bzw. im RITA-System evaluiert werden. Hier erwies sich die Behandlung im RITA-System als deutlich effektiver. Die relativ geringe Ausbeute an Zellen mit 8 C-Gehalt nach Inkubation auf Keimpapier könnte sich dadurch erklären lassen, dass hier nur die Wurzeln im direkten Kontakt mit dem Inhibitor standen und der Transport in den Bereich des SAM nicht hinreichend war.

Optimierung der RITA-Inkubation

Da die RITA-Behandlung beim Vergleich der Inkubationsmethoden am effektivsten war, sollte diese Methode weiter optimiert werden. Hierfür musste zunächst ein geeignetes System zur Evaluierung entwickelt werden. Zellen des SAM erwiesen sich als besonders gut geeignet. Es zeigte sich, dass bereits zwei Tage nach Behandlung bei Messungen des SAM-Bereichs eine Aussage über eine mögliche Verdopplung des Chromosomensatzes getroffen werden konnte. Diese Methode könnte daher auch in der DH-Maiszüchtung eingesetzt werden, um Inkubationsbedingungen mit Inhibitoren möglichst früh bewerten zu können. Eine „Abschätzung" von möglichen Verdopplungsraten kann sehr früh in der Keimlingsentwicklung vorgenommen werden.

Beim Vergleich verschiedener Inkubationsstartpunkte zeigte sich, dass eine Behandlung zwei Tage alter Keimlinge mit einem Inhibitor effektiver war, als eine Behandlung von vier Tage alten Keimlingen (vgl. „Hohenheimer Methode" bei Eder & Chalyk, 2003). Damit konnte im Rahmen der vorliegenden Arbeit weiteres Optimierungspotential der Colchicinbehandlung an sich aufgezeigt werden.

Desweiteren zeigte sich, dass beim Herabsetzen der Belüftungsdauer auf 1 min pro h kein Verlust an Vitalität detektiert und somit eine vollständige Inkubation der Keimlinge im Inhibitor gewährleistet werden konnte.

Inhibitor-Behandlung haploider Keimlinge

Nach Bestimmung der Inkubationsparameter durch Behandlung diploider Maiskeimlinge erfolgte nun die Inhibitor-Behandlung haploider Keimlinge. Um die Aussagekraft zu erhöhen wurden pro Behandlungsvariante jeweils 50 Keimlinge eingesetzt.

Beim Vergleich der Vitalitätsraten behandelter Maiskeimlinge konnten nach Colchicin-Behandlung annähernd die Raten unbehandelter Keimlinge erreicht werden. Nach Herbizidbehandlung hingegen waren die Vitalitätsraten deutlich herabgesetzt. Dies könnte daran liegen, dass Colchicin an sich für Pflanzen weniger „schädlich" wirkte. Herbizide dagegen wurden dafür entwickelt, die Vitalität von Pflanzen herabzusetzen und zeigten daher eine spezifischere Wirkung als Colchicin. Außerdem wäre möglich, dass die Herbizide zusätzlich in andere Stoffwechselprozesse der Pflanzen eingriffen und dadurch die Vitalität herabsetzen konnten.

Die Effektivität der Behandlung, d. h. die Aufdopplung des Chromatins wurde durchflusszytometrisch an Blattmaterial im Vier-Blatt-Stadium bestimmt. Um Aussagen über tatsächlich „aufgedoppelte" Pflanzen treffen zu können, wurden die Blätter von jeder Pflanze einzeln gemessen. In Tabelle 5.1 sind jeweils der Anteil der aufgedoppelten Pflanzen an der Gesamtzahl der eingesetzten Pflanzen (50) sowie zusätzlich der Anteil aufgedoppelter Pflanzen an den überlebenden Pflanzen dargestellt. Bei unbehandelten Pflanzen konnte in der vorliegenden Arbeit nie eine „spontane" Aufdopplung beobachtet werden. Die meisten

„aufgedoppelten“ Pflanzen lieferte die Behandlung mit Colchicin. Nach Behandlung mit den Herbiziden konnten nur wenige Pflanzen mit aufgedoppeltem Chromosomensatz detektiert werden. Jedoch streuten die Messungen der drei Wiederholungen stark. Beispielsweise lieferte die erste APM-Behandlung keine aufgedoppelten Pflanzen, dagegen wurde in der dritten Wiederholung in 8 % der Pflanzen das Chromatin verdoppelt. Im Vergleich zu den Herbiziden waren die Anteile der aufgedoppelten Pflanzen nach Colchicinbehandlung in der Gesamtzahl, wie in der Zahl der überlebenden Pflanzen mit Abstand am höchsten.

Tabelle 5.1 Anteile an aufgedoppelten Pflanzen nach Behandlung von Haploiden

	Anteil an der Gesamtzahl [%]				**Anteil an überlebenden Pflanzen [%]**			
	1.Durchf.	2.Durchf.	3.Durchf.	Mittel	1.Durchf.	2.Durchf.	3.Durchf.	Mittel
Colchicin	38	24	18	27	49	30	24	34
APM	0	2	8	3	0	3	11	5
Oryzalin	2	2	0	1	5	4	0	3
Pronamid	0	2	0	1	0	2	0	1

Die hohen Abweichungen zwischen den einzelnen Wiederholungen könnten darauf zurückzuführen sein, dass die eingesetzte Individuenzahl von 50 Keimlingen pro Behandlungsvariante zu gering war. Wegen der limitierten Menge haploiden Saatguts, konnten zum Testen möglichst vieler Varianten jedoch nur 50 Körner / Gruppe eingesetzt werden.

Desweiteren zeigte sich im späteren Kulturverlauf, dass nur bei colchicinierten Pflanzen eine Bestäubung durchgeführt werden konnte. Die „Sterilität“ könnte mit einem unvollständigen Aufdoppeln im SAM erklärt werden. Die Bestimmung des Chromatingehaltes im SAM stellte deshalb nur eine Abschätzung dar.

Somit konnten hier die Ergebnisse der Wurzelspitzenbehandlungen nicht bestätigt werden. Eine mögliche Begründung hierfür wäre, dass die Herbizide eine spezifischere Wirkung auf Wurzelzellen haben. Oder aber die an diploiden Wurzeln ermittelten Inkubationsparameter waren zur Behandlung von haploiden Keimlingen nicht optimal. Jedoch konnte auch bei „Optimierungsversuchen“ mit APM die Frequenz aufgedoppelter Pflanzen nicht erhöht werden, wobei auch hier die Zahl behandelter Individuen / Gruppe relativ gering war.

Die Herbizide APM, Oryzalin und Pronamid könnten als Colchicin-Alternativen für die DH-Technik eingesetzt werden, da sie bei Behandlung von Wurzeln (Chromosomensatz-verdopplung) effektiv waren. Darüber hinaus sind sie weniger toxisch als Colchicin. Eine Behandlung von höheren Individuenzahlen Haploider wäre sinnvoll, um das tatsächliche Potential der Herbizide als mögliche Colchicin-Alternativen noch genauer zu überprüfen. Die Effektivität der Behandlungen durch Kombination mit anderen Parametern könnte sich weiter erhöhen lassen. Denkbar wäre hier z. B. eine geeignete Vorbehandlung der Keimlinge oder auch die Kombination mit anderen Mitosehemmern, die einen anderen Wirkmechanismus zeigen und somit die Ausbeute aufgedoppelter Chromosomensätze steigern könnten.

Außerdem wäre es möglich, z. B. durch Behandlung der Infloreszenzmeristeme mit den Herbiziden Doppelhaploide zu erzeugen.

Aufgrund der Tatsache, dass im Verlauf der vorliegenden Arbeit gezeigt werden konnte, dass auch die Behandlung mit Colchicin noch Optimierungspotential aufweist, wäre es denkbar, durch erhöhte Effektivität die benötigten Konzentrationen von Colchicin zumindest zu verringern. Außerdem wäre auch der Einsatz von mindergiftigen Colchicin-Derivaten denkbar (Heberle-Bors, 2011).

5.3 Hochdurchsatz-Screening einer Chemikalien-Bibliothek zur Ermittlung weiterer Colchicin-Alternativen

Durch die Behandlung von Maiswurzeln konnte nur eine relativ geringe Anzahl von möglichen Colchicin-Alternativen getestet werden. Desweiteren bewirkten die drei potenziellen Colchicin-Alternativen APM, Oryzalin und Pronamid bei Behandlung von haploiden Maiskeimlingen nur eine geringe Aufdopplungsrate. Um weitere chemische Substanzen zu entdecken, wurde eine Chemikalien-Bibliothek (LATCA) mittels transgener *Arabidopsis thaliana* Keimlinge auf Colchicin-Alternativen durchmustert. Die LATCA-Bibliothek wurde vom Kooperationpartner S. Cutler unentgeltlich zur Verfügung gestellt. Diese Bibliothek enthält viele Substanzen, bei denen bereits eine biologische Aktivität bei *Arabidopsis* bzw. *S. cerevisiae* nachgewiesen wurde (Cutler, 2008). Kommerziell erhältliche Bibliotheken (Maybridge, Chembridge, LOPAC, Spectrum) kosten mehrere tausend Dollar.

A. thaliana wurde als Testpflanze ausgewählt, weil die geringe Größe der Keimlinge die gleichzeitige Behandlung mehrerer Individuen in einem Well bei geringen Behandlungs-Volumina von ca. 100 µl ermöglichte. Darüber hinaus konnte das Saatgut einfach produziert werden.

Durch Behandlung von Keimlingen mit den LATCA-Substanzen sollten Substanzen entdeckt werden, die eine depolymerisierende Wirkung auf Mikrotubuli zeigen. Dieser Effekt konnte über die Inhibition des Fluoreszenzsignals aufgedeckt werden.

Das Screening wurde in drei Screening-Stufen aufgeteilt, um schrittweise mögliche Colchicin-Alternativen genauer zu charakterisieren. In der ersten Screening-Stufe wurden alle LATCA-Substanzen einmal getestet. Alle Substanzen die zu einer leichten bis starken Abnahme der Fluoreszenz und / oder zu einer Schwellung der Wurzeln führten, wurden als positiv gewertet. Nach der ersten Screening-Stufe konnten 439 Substanzen identifiziert werden. Zugunsten einer detaillierten Analyse wurde auf eine Wiederholung des Gesamt-Screenings verzichtet. In diesem Schritt konnte nicht ausgeschlossen werden, dass Kandidaten übersehen wurden, denn das Screening wurde nur mit einer Konzentration (25 µM / Substanz, Cutler, 2008) durchgeführt. So zeigte sich z. B., dass Colchicin aufgrund der geringen Konzentration in diesem Screening nicht als positive Substanz detektiert wurde. Das Ziel der ersten Screening Stufe war das Auffinden von hoch effektiven Substanzen, das heißt von Substanzen, die im Gegensatz zu Colchicin schon bei geringeren Konzentrationen Pflanzenmikrotubuli depolymerisieren.

Somit wurden die 439 Substanzen in der zweiten Screening-Stufe durch dreimaligen Test genauer bewertet. Hier wurden nur solche Substanzen als positiv eingestuft, die in mindestens zwei Wiederholungen bei dem Großteil der behandelten Keimlinge zur Inhibition der Fluoreszenz führten. Hierbei konnte die Anzahl der Substanzen weiter auf 78 verringert werden. Alle 78 Substanzen verursachten eine starke Inhibition des Fluoreszenz-Signals, d. h. sie könnten einen depolymerisierenden Effekt auf Mikrotubuli besitzen. Jedoch konnte nicht ausgeschlossen werden, dass der Verlust bzw. der Fluoreszenz durch andere Effekte hervorgerufen wurde. Ein Absterben der Keimlinge würde zum selben Resultat führen.

Daher wurden in der dritten Screening-Stufe jeweils in vier Durchführungen nochmals Keimlinge mit den verbliebenen 78-Substanzen behandelt, um Aussagen über die Vitalität der Keimlinge treffen zu können. Nach Beendigung der Inkubation wurden die Keimlinge in den 96-Well Platten weiterkultiviert. Hier zeigten sich jedoch auch innerhalb der unbehandelten Kontrollen Unterschiede im Entwicklungsgrad, sowie der Blattfärbung, so dass eine eindeutige Auswertung nicht möglich war. Deshalb wurden die Keimlinge auf Aussaaterde gelegt und bis zur Blüte weiterkultiviert. Hier wurde bewertet, bei wie vielen Versuchsdurchführungen je Variante aus den Keimlingen Pflanzen regenerierten und bei wie vielen Behandlungen Pflanzen bis zur Blüte heranwuchsen. Es zeigte sich auch bei unbehandelten Keimlingen nicht immer eine Überlebensrate von 100 %. Was zum einen durch mechanische Verletzung und zum anderen durch die lange Kultivierung in den 96-Well Platten, bzw. den Kulturbedingungen im Gewächshaus begründet werden könnte. Nach der Auswertung der Vitalität konnten bei allen Kontrollbehandlungen (ddH_2O, bzw. DMSO) mindestens bei zwei von vier Durchführungen Pflanzen bis zur Blüte heranwachsen. Legte man diesen Wert als ausreichende Vitalitätsrate fest, so konnte nach Behandlung mit den LATCA-Substanzen bei 51 Substanzen diese Rate bestimmt werden, welche somit als Colchicin-Alternativen eingesetzt werden könnten.

Durch die bisherigen Ergebnisse des LATCA-Screenings können noch keine Aussagen über die Effektivität der einzelnen Substanzen bezüglich der Aufdopplung von Chromosomensätzen getroffen werden. Daher müssen noch weitere Behandlungen mit diesen Substanzen durchgeführt werden, bei denen dann durch z. B. Messungen am Durchflusszytometer bestimmt wird, nach welcher Behandlung tatsächlich eine Erhöhung der Ploidiestufe erreicht werden kann. Außerdem müssen für die daraus verbliebenen Substanzen durch Ermittlung der optimalen Konzentrationen und genauerer Betrachtung der Eigenschaften, bzw. des Wirkmechanismus die Kosten pro L und vor allem die Toxizität für Mensch und Umwelt noch einmal genauer betrachtet werden.

5.4 Untersuchung des Mechanismus der Haploideninduktion

Auch die Verbesserung des ersten Schritts der Doppelhaploidentechnik, d. h. die Bestäubung mit Pollen einer Inducer-Linie kann die Ausbeute an Doppelhaploiden deutlich erhöhen. Zur Entwicklung von verbesserten Inducer-Linien könnte daher ein besseres Verständnis des zugrundeliegenden Mechanismus beitragen. Zwei Theorien sollen den Mechanismus der Haploideninduktion erklären, zum einen die Bildung von Haploiden durch keine bzw. unvollständige Befruchtung (Chalyk *et al.*, 2003) und zum anderen die Bildung von Haploiden nach Befruchtung gefolgt von Chromosomenelimination (Zhang *et al.*, 2008; Li *et al.*, 2009).

Dieser Mechanismus sollte im Rahmen der vorliegenden Arbeit in einem zusätzlichen Experiment untersucht werden. Basierend auf dem Vorhandensein (erfolgreiche Befruchtung), bzw. Nichtvorhandensein (unvollständige, bzw. keine Befruchtung) eines GFP-Signals im Bereich der Zygote nach Bestäubung mit transgenem Pollen sollten Aussagen über den Befruchtungsmechanismus getroffen werden.

Nach bisherigem Ergebnisstand konnten jedoch nur Explantate beobachtet werden, bei denen eine leichte Fluoreszenz über das ganze Explantat verteilt auftrat. Es wäre möglich, dass die Bestäubung technisch nicht richtig funktioniert hat. Andrerseits wäre es jedoch auch denkbar, dass durch die Explantatgröße das Fluoreszenzsignal von Einzelzellen nicht detektiert werden konnte. Die Isolation der Eizelle / Zygote könnte möglicherweise die Beobachtung des GFP-Signals verbessern. Eine weitere Möglichkeit, den Mechanismus genauer zu untersuchen wäre die Entwicklung eines Markers, der selektiv z. B. in der Zygote exprimiert wird.

Ravi & Chan (2010) konnten bei *Arabidopsis* durch Veränderung der Zentromere Haploide in relativ hoher Frequenz erzeugen. Der Einsatz dieser Technik wäre auch zur Erzeugung neuer Inducerlinien und somit zur Verbesserung der DH-Technik bei Mais denkbar.

5.5 Schlussfolgerung

Im Rahmen der vorliegenden Arbeit konnte gezeigt werden, dass die Doppelhaploiden-Technik bei Mais noch weiter optimiert werden kann. Dies ist zum einen durch die effektivere Nutzung von Colchicin, oder aber durch den Einsatz von Colchicin-Alternativen möglich. Außerdem konnten nach dem Screening der LATCA-Bibliothek 51 Substanzen identifiziert werden, die potenzielle Colchicin-Alternativen darstellen.

6. Zusammenfassung

In der Maiszüchtung stellt die Doppelhaploidentechnik eine zeitsparende Alternative gegenüber der herkömmlichen Erzeugung homozygoter Linien dar. Die DH-Technik lässt sich in zwei Schritte unterteilen: 1.) die Induktion von maternalen Haploiden durch Bestäubung mit sogenannten Inducerlinien und 2.) die Aufregulierung der Chromosomensätze zur Erzeugung von Doppelhaploiden durch die Behandlung mit einem Mitosegift. Insgesamt können bei jedem Schritt zwischen 1 - 10 % Haploide bzw. Doppelhaploide erzeugt werden. Dies zeigt somit noch ein deutliches Optimierungspotential auf. Zum einen ist der Mechanismus der Haploideninduktion noch nicht vollständig geklärt und die Induktionsraten sind teilweise stark vom jeweiligen Genotyp abhängig. Zum anderen wird zur Aufregulierung der Chromosomensätze immer noch sehr häufig das im Speziellen für Säuger hochtoxische Alkaloid Colchicin eingesetzt. Aufgrund seiner geringen Spezifität für Pflanzenspindeln wird eine relativ hohe Menge an Colchicin benötigt, was die Anwendung teuer und vor allem für den Anwender gefährlich macht.

Ziel der vorliegenden Arbeit war es die Doppelhaploiden-Technik bei Mais durch die Bestimmung von mindergiftigen und möglichst effizienten Colchicin-Alternativen zu verbessern. Hierfür wurden folgende Arbeitsschritte durchgeführt:

- Beurteilung von möglichen Colchicin-Alternativen durch Behandlung von Wurzelspitzen (chemische Substanzen, physikalische Methoden).
- Optimierung der Inkubationsparameter zur Behandlung von Haploiden mit Colchicin-Alternativen.
- Ermittlung neuer Colchicin-Alternativen über Hochdurchsatz-Screening einer Chemikalien-Bibliothek.
- Untersuchung des Mechanismus der Haploideninduktion.

Bei der Behandlung von Wurzelmeristemen konnte gezeigt werden, dass die drei Herbizide APM, Oryzalin und Pronamid als Colchicin-Alternativen eingesetzt werden können. Verglichen mit Colchicin weisen sie alle eine deutlich geringere Toxizität für Säuger auf. Außerdem wäre ihr Einsatz durch die deutlich geringer benötigten Konzentrationen auch kosteneffizienter als eine Colchicinbehandlung. Nach Behandlung Haploider konnten jedoch bisher mit keiner Alternativbehandlung Doppelhaploide erzeugt werden.

Die Behandlungsparameter für Colchicin konnten im Rahmen der vorliegenden Arbeit weiter optimiert werden. So zeigte sich durch die Belüftung der Behandlungslösung ein deutlicher Anstieg der Keimlingsvitalität. Außerdem konnten nach der Behandlung zwei Tage alter Keimlinge die meisten Keimlinge mit verdoppeltem Chromosomensatz erzeugt werden. Aufgrund der vielversprechenden Eigenschaften der Herbizide APM, Oryzalin und Pronamid sollten weitere Experimente durchgeführt werden, sobald größere Mengen an haploidem Saatgut zur Verfügung stehen.

Das Screeningverfahren der LATCA-Bibliothek unter Verwendung einer transgenen *Arabidopsis thaliana* Linie zeigte sich als äußerst effektiv zur Ermittlung von Mitoseinhibitoren. Nach Durchführung des Screenings von ~3600 chemischen Substanzen in drei Stufen konnten 51 Kandidaten von Colchicin-Alternativen ermittelt werden. Diese Substanzen sollten durch Behandlung von haploiden Maiskeimlingen genauer evaluiert werden. Denkbar wäre auch das Screening weiterer Bibliotheken zur Entdeckung von Mitoseinhibitoren.

Durch ein besseres Verständnis des Mechanismus der Haploideninduktion könnte diese Technik verbessert und somit der Einsatz von Colchicin eingeschränkt werden. Anhand der bisherigen Ergebnisse können jedoch keine Aussagen über den Mechanismus der Haploideninduktion getroffen werden. Das eingesetzte Testsystem sollte daher noch weiter optimiert werden.

Die vorliegende Arbeit konnte zeigen, dass die Effizienz zur Erzeugung doppelhaploider Maispflanzen durch den Einsatz von Colchicin-Alternativen verbessert werden könnte. Außerdem konnten nach einem Screening von ~3600 chemischen Substanzen mittels *A. thaliana* 51 Chemikalien als potenzielle Mitoseinhibitoren detektiert werden.

6. Summary

In maize breeding the production of inbred lines using doubled haploids constitutes a time-saving alternative compared to conventional procedures. The DH-technique can be divided into two separate steps 1.) induction of maternal haploids through the pollination of a desired genotype with pollen of a so-called inducer-line and 2.) doubling of chromosome sets to produce doubled haploids using mitotic inhibitors. Overall, each step yields approximately 1 - 10 % of haploids or doubled haploids, respectively. This shows the technique still has room for improvement: The mechanism of haploid induction is not fully understood and in addition induction rates are genotype dependent. Most often the highly toxic alkaloid colchicine is used for doubling chromosome sets of haploids. Because of its low efficiency on microtubules of plants a relatively high concentration of colchicine is needed. Consequently, its application is expensive and above all poses a high risk for the user.

The present study is aimed at optimizing the DH-technique in maize by defining less toxic and efficient colchicine-alternatives. This work was organized as follows:

- Evaluation of possible colchicine-alternatives by treating root tips (chemical substances, physical methods).
- Optimizing treatment conditions of haploids with colchicine-alternatives.
- Discovery of new substances by high-throughput-screening of a chemical library.
- Analysis of the mechanism of haploid induction.

By treating root tips of diploid seedlings it was shown that three herbicides APM, oryzalin, and pronamide may be used as colchicine-alternatives. Compared to colchicine they are all less toxic to mammals. Furthermore, lower concentrations are required, i.e. the herbicides were more cost-efficient than colchicine. However, after the treatment of haploid seedlings no doubled haploids were produced by colchicine-alternatives

In this study, treatment parameters for colchicine were further optimized. For instance, it was shown that aeration during treatment can improve the viability of seedlings. Furthermore, an increased proportion of seedlings with doubled chromosome sets could be obtained when two day old seedlings were treated. Regarding the promising properties of the herbicides APM, oryzalin, and pronamide experiments should be performed if larger quantities of haploid seeds become available.

The screening system developed for the LATCA-library using a transgenic line of *Arabidopsis thaliana* is a highly effective system for discovering mitotic inhibitors. After screening ~3600 substances 51 candidates of colchicine-alternatives were discovered. Those substances should be further evaluated by treating haploid maize seedlings. Using this approach, other libraries are available for screening for mitotic inhibitors.

A better understanding of the mechanism of haploid induction could lead to an improvement of the DH-technique and therefore a decrease of colchicine usage. However, regarding the results obtained so far the mechanism of haploid induction cannot be clarified. However, this system can be further optimized.

This study has shown that the efficiency of generating doubled haploids in maize breeding may be improved by using colchicine-alternatives. Furthermore, by screening 3600 biologically active compounds with *A. thaliana* 51 chemicals were discovered which are putative mitotic inhibitors.

7. Quellen

AALDERS, L.E., & Hall, I.V. (1963) Note on aeration of colchicine solution in the treatment of germinating blueberry seeds to induce polyploidy. Can. J. of Plant Science 43: (1) 107.

AKASHI, T., Izumi, K., Nagano, E., Enomoto, M., Mizuno, K., & Shibaoka, H. (1988) Effects of propyzamide on tobacco cell microtubules in vivo and in vitro. Plant & Cell Physiol. 29: (6) 1053-1062.

ALBERTS, B., Bray, D., Johnson, A., Lewis, J., Raff, M., Roberts, K., et al. (2001) Lehrbuch der molekularen Zellbiologie. Wiley-VCH.

ARUMUGANATHAN, K., & Earle, E.D. (1991) Nuclear DNA content of some important plant species. Plant Mol.Biol.Rep. 9: (4) 415.

BAENZIGER, P.S. (1996) Reflections on doubled haploids in plant breeding. In: Mohan Jain,S.; Sopory,S.K.; Veilleux,R.E. In vitro haploid production in higher plants: Fundamental aspects and methods: 49-66. Kluwer Academic Publishers

BAJER, A.S., & Molè-Bajer, J. (1986) Drugs with colchicine-like effects that specifically disassemble plant but not animal microtubules. Ann.N.Y.Acad.Sci. 466: 767-784.

BARNABÁS, B., Obert, B., & Kovács, G. (1999) Colchicine, an efficient genome-doubling agent for maize (*Zea mays* L.) microspores cultered in anthero. Plant Cell Rep. 18: 858-862.

BARTELS, P.G., & Hilton, J.L. (1973) Comparison of trifluralin, oryzalin, pronamide propham, and colchicine treatments on microtubules. Pestizide Biochemistry and Physiology 3: 462-472.

BASKIN, T.I., & Cande, W.Z. (1990) The structure and function of the mitotic spindle in flowering plants. Annu.Rev.Plant Physiol.Plant Mol.Biol. 41: 277-315.

BASKIN, T.I., Wilson, J.E., Cork, A., & Williamson, R.E. (1994) Morphology and microtubule organization in *Arabidopsis* roots exposed to oryzalin or taxol. Plant and Cell Physiology 35: (6)935-942.

BEADLE, G.W. (1939) Teosinte and the origin of maize. J.Hered. 30: (6) 245-247.

BEAUMONT, V.H., & Widholm, J.M. (1993) Ploidy variation of pronamide-treated maize calli during long term culture. Plant Cell Rep. 12: 648-651.

BECERRA, J., & Carmona, M.C. (1983) Inhibition of plant cytokinesis by deoxyguanosine and caffeine. Plant Cell Rep. 2: (3) 113-116.

BECKER, H. (1993) Pflanzenzüchtung. UTB, Stuttgart.

BENNETZEN, J., Buckler, E., Chandler, V., Doebley, J., Dorweiler, J., Gaut, B., Freeling, M., Hake, S., Kellogg, E., Poethig, R.S., Walbot, V., & Wessler, S. (2001) Genetic evidence and the origin of maize. Latin American Antiquity 1: 84-86

BIRCHLER, J.A. (1994) Practical aspects of haploid production. In: Freeling, M. & Walbot,V. The Maize Handbook: 386-388. Springer-Verlag

BLAKESLEE, A.F., & Avery, A.G. (1937) Methods of inducing doubling of chromosomes in plants by treatment with colchicine. J.Hered. 28: 393-411.

BRANDENBERG, A. (1976) Corn is maize: The gift of the Indians. Harper Collins Publishers

BREVIARIO, D., & Nick, P. (2000) Plant tubulins: A melting pot for basic questions and promising applications. Transgenic Res. 9: 383-393.

CAMPENOT, M.K., Zhang, G., Cutler, A.J., & Cass, D.D. (1992) *Zea mays* embryo sacs in culture. I. Plant regeneration from 1 day after pollination embryos. Am.J.Bot. 79: (12) 1368-1373.

CANDELA, H., & Hake, S. (2008) The art and design of genetic screens: maize. Nat.Rev.Genet. 9: (3) 192-203

CAPERTA, A.D., Delgado, M., Ressurreição, F., Meister, A., Jones, R.N., Viegas, W., & Houben, A. (2006) Colchicine-induced polyploidization depends on tubulin polymerization in c-metaphase cells. Protoplasma 227: 147-153.

CARL ZEISS MICROIMAGING GMBH. (2011) Interaktive Fluoreszenzsfarbstoff- und Filterdatenbank. https://www.micro-shop.zeiss.com

CARVALHO, C.R., Saraiva, L.S., & Otoni, W.C. (2002) Maize root tip cell cycle synchronization. Maize Genet. Coop. Newsl. 76: 69.

CHALYK, S.T., Baumann, A., Daniel, G., & Eder, J. (2003) Aneuploidy as a cause of haploid-induction in maize. Maize Genet. Coop. Newsl. 77:29-30.

CHASE, S.S. (1952) Production of homozygous diploids of maize from monoploids. Agron J 44: 263-267.

CHEMIE.DE INFORMATION SERVICE GMBH. (2011) http://www.chemie.de

CHU, B., Xin, Z., Li, P.H., & Carter, J.V. (1992) Depolymerization of cortical microtubules is not a primary cause of chilling injury in corn (*Zea mays* L. cv Black Mexican Sweet) suspension culture cells. Plant, Cell and Environment 15: 307-312.

CLEARY, A.L., & Hardham, A.R. (1993) Pressure induced reorientation of cortical microtubules in epidermal cells of *Lolium rigidum* leaves. Plant & Cell Physiol. 34: (7) 1003-1008.

COE, E. H., & Sarkar, K. R. (1964) The detection of haploids in maize. J Hered. 55: 231-233.

CUTLER, S.R. (2008) Cutler Lab. https://www.cutlerlab.blogspot.com

DERMEN, H. (1938) A cytological analysis of polyploidy Induced by colchicine and by extremes of temperature. J.Hered. 29:211-229.

DEVAUX, P., & Pickering, R. (2005) Haploids in the improvement of *Poaeae*. In:

Palmer,C.E.; Keller,W.A. & Kasha,K.J. Haploids in crop improvement II. 215-242. Springer-Verlag

DEWITTE, W., & Murray, J.A.H. (2003) The plant cell cycle. Annu.Rev.Plant Biol. 54: 235-264.

DIBOLL, A.G., & Larson, D.A. (1966) An electron microscopic study of the mature megagametophyte in *Zea mays*. Am.J.Bot. 53: (4) 391-402.

DMK. (2011) Deutsches Maiskomitee e.V. http://www.maiskomitee.de

DOEBLEY, J. (1994) Genetics and the morphological evolution of maize. I: Freeling,M. & Walbot,V. The Maize Handbook 66-77 Springer-Verlag

DOEBLEY, J. (2004) The genetics of maize evolution. Annu.Rev.Genet. 38: (1) 37-59

DOLEŽEL, J. (1991) Flow cytometric analysis of nuclear DNA content in higher plants. Phytochem.Anal. 2: 143-154.

DOLEŽEL, J., Cíhalíková, J., Weiserová, J., & Lucretti, S. (1999) Cell cycle synchronization in plant root meristems. Methods in Cell Science 21: 95-107.

DUNWELL, J.M. (2010) Haploids in flowering plants: origins and exploitation. Plant.Biotechnol.J. 8: 377-424.

DUSTIN, P. (1978) Microtubules. Springer-Verlag

EDER, J., & Chalyk, S.T. (2002) In vivo haploid formation in maize. Theor.Appl.Genet. 104: 703-708.

EDER, J., & Chalyk, S.T. (2003) In-vivo-Induktion von Haploiden- praktische Anwendung in der Linienentwicklung und rekurrenten Selektion bei Mais. Bericht über Die 54.Tagung der Vereinigung der Pflanzenzüchter und Saatgutkaufleute Österreichs 54: 1-3

EIGSTI, O.J. (1983) A cytological study of colchicine effects in the induction of polyploidy in plants. Proc.Natl.Acad.Sci.U.S.A. 24: 56-63.

EUBANKS, M. (1995) A cross between two maize relatives: *Tripsacum dactyloides* and *Zea diploperennis* (*Poaceae*). Econ.Bot. 49: (2) 172-182.

FALCONER, M.M., & Seagull, R.W. (1987) Amiprophos-methyl (APM): A rapid, reversible, anti-microtubule agent for plant cell cultures. Protoplasma 136: 118-124.

FAO. (2006) Maize: International Market Profile. http://www.fao.org/es/esc/common/ecg/54/en/MaizeProfile.pdf

FAO. (2009) Production Quantity of Maize. http://faostat.fao.org/

FOISIL, L., & CHOURROUT, D. (2008) Chromosome doubling by pressure treatments for tetraploidy and mitotic gynogenesis in rainbow trout, *Oncorhynchus mykiss* (Walbaum): re-examination and improvements. Aquacult.Res. 23:(5) 567-575.

FORSTER, B.P., Heberle-Bors, E., Kasha, K.J., & Touraev, A. (2007) The resurgence of haploids in higher plants Trends Plant Sci. 12: (8) 368-375.

GALATIS, B., & Apostolakos, P. (1991) Microtubule organization and morphogenesis of stomata in caffeine-affected seedlings of Zea mays. Protoplasma 165: (1-3) 11-26.

GAYEN, P., Madan, J.K., Kumar, R., & Sarkar, K.R. (1994) Chromosome doubling in haploids through colchicine. Maize Genet. Coop. Newsl. 68: 65.

GEIGER, H.H. (2009) Doubled haploids. In: Bennetzen,J.L. & Hake,S. Handbook of Maize Genetics and Genomics. 641-657 Springer-Verlag

GEIGER, H.H., & Gordillo, G.A. (2009) Doubled haploids in hybrid maize breeding. Maydica 54:(4) 485-499.

GILLICK, A., & Bulmer, W.S. (1972) Griseofulvin, a possible teratogen. Can Vet J. 13: (10) 244.

GRANGER, C.L., & Cyr, R.J. (2001) Spatiotemporal relationships between growth and microtubule orientation as revealed in living root cells of *Arabidopsis thaliana* transformed with green-fluorescent-protein gene construct GFP-MBD. Protoplasma 216: 201-214.

GRIFFITHS, R.B. (1941) Triploidy (and haploidy) in the newt, *Triturus viridescens*, induced by refrigeration of fertilized eggs. Genetics 26: 69-88.

HANSEN, A.L., Gertz, A., Joersbo, M., & Andersen, S.B. (1998) Antimicrotubule herbicides for *in vitro* chromosome doubling in *Beta vulgaris* L. ovule culture. Euphytica 101: 231-237.

HÄNTZSCHEL, K.R., & Weber, G. (2010) Blockage of mitosis in maize root tips using colchicine-alternatives. Protoplasma 241: (1) 99-104.

HEBERLE-BORS, E. (2011) Novel and Efficient Chromosome Doubling Technology for Plant Breeding. http://www.mfpl.ac.at

HEPLER, P.K., & Bonsignore, C.L. (1990) Caffeine inhibition of cytokinesis: Ultrastructure of cell plate formation / degradation. Protoplasma 157: 182-192.

HESS, D. (1992) Biotechnologie der Pflanzen: eine Einführung. Verlag Eugen Ulmer GmbH & Co.

HOUSER, L. (1938) Evolution of Corn. http://www.ameshistoricalsociety.org/

HUANG, R.F., & Lloyd, C.W. (1999) Gibberellic acid stabilizes microtubules in maize suspension cells to cold and stimulates acetylation of á-tubulin. FEBS Lett. 443: 317-320.

HUGDAHL, J.D., & Morejohn, L.C. (1993) Rapid and reversible high-affinity binding of the dinitroaniline herbicide oryzalin to tubulin from *Zea mays* L. Plant Physiol. 102: (3) 725-740.

JACKSON, D. (2009) Vegetative shoot meristems. In: Bennetzen,J.L. & Hake,S. Handbook of Maize: Its Biology. 1-12 Springer-Verlag

JENSEN, W.A. (1973) Fertilization in flowering plants. BioScience 23: (1) 21-27.

JUGENHEIMER, R.W. (1976) Corn: improvement, seed production, and uses Wiley.

KANG, D., Park, S.K., Beane-Freeman, L., Lynch, C.F., Knott, C.E., Sandler, D.P., Hoppin, J.A., Dosemeci, M., Coble, J., Lubin, J., Blair, A., & Alavanja, M. (2008) Cancer incidence among pesticide applicators exposed to trifluralin in the Agricultural Health Study. Environ.Res. 107: (2) 271-276.

KASHA, K.J. (2005); Chromosome doubling and recovery of doubled haploid plants. In: Palmer,C.E.; Keller,W.A. & Kasha,K.J. Haploids in crop improvement II. 56: 123-152. Springer-Verlag

KATO, A. (2002) Chromosome doubling of haploid maize seedlings using nitrous oxide gas at the flower primordial stage. Plant Breeding 121: 370-377.

KATO, A., & Birchler, J.A. (2006) Induction of tetraploid derivatives of maize inbred lines by nitrous oxide gas treatment. J.Hered. 97: (1) 39-44.

KATTERMANN, G. (1930) Chromosomenuntersuchungen bei *Gramineen*. Planta 12: 19-37.

KERMANI, M.J., Sarasan, V., Roberts, A.V., Yokoya, K., Wentworth, J., & Sieber, V.K. (2003) Oryzalin-induced chromosome doubling in *rosa* and its effect on plant morphology and pollen viability. Theor.Appl.Genet. 107: 1195-1200.

KERMICLE, J.L. (1969) Androgenesis conditioned by a mutation in maize. Science 166: (3911)1422-1424.

KHUSH, G.S., & Virmani, S.S. (1996) Haploids in plant breeding. In: Mohan Jain,S.; Sopory,S.K.; Veilleux,R.E. In vitro haploid production in higher plants: Fundamental aspects and methods: 11-33 Kluwer Academic Publishers

KIERMAYER, O., & Fedtke, C. (1977) Strong anti-microtubule action of amiprophos-methyl (APM) in *Micrasterias* . Protoplasma 92: (1-2) 163-166.

LASHERME, P., & Beckert, M. (1988) Genetic control of maternal haploidy in maize (*Zea mays* L.) and selection of haploid inducing lines. Theor.Appl.Genet. 76:405-410.

LEE, E.A., & Tracy, W.F. (2009) Modern maize breeding. In: Bennetzen,J.L. & Hake,S. Handbook of Maize Genetics and Genomics. 141-160 Springer-Verlag

LEE, J.-., Arumuganathan, K., Kaeppler, S.M., Papa, C.M., & Kaeppler, H.F. (1996) Cell synchronization and isolation of metaphase chromosomes from maize (*Zea mays* L.) root tips for flow cytometric analysis and sorting. Genome 39: (4) 697-703.

LEVAN, A. (1938) The effect of colchicine on root mitosis in *Allium*. Hereditas 24: (4) 471-486.

LI, L., Xu, X., Jin, W., & Chen, S. (2009) Morphological and molecular evidences for DNA introgression in haploid induction via a high oil inducer CAUHOI in maize. Planta 230: (2) 367-376.

LI, Y., Bernot, J.P., Illingworth, C., Lison, W., Bernot, K.M., Eggleston, W.B., Fogle, K.J., DiPaola, J.E., Kermicle, J., & Alleman, M. (2001) Gene conversion within regulatory sequences generates maize r alleles with altered gene expression. Genetics 159: (4) 1727-1740.

LIGNOWSKI, E.M., & Scott, E.G. (1972) Effect of trifluralin on mitosis. Weed Sci. 20: (3) 267-270.

LÓPEZ-SÁEZ, J.F., Mingo, R., & González-Fernández, A. (1982) ATP level and caffeine efficiency on cytokinesis inhibition in plants. Eur.J.Cell Biol. 27: 185-190.

LÜTTGE, U., Kluge, M., & Thiel, G. (2010) Botanik: Die umfassende Biologie der Pflanzen Wiley-VCH Verlag GmbH & Co. KGaA.

MANGELSDORF, P.C., & Reeves, R.G. (1938) The Origin of Maize. Proc.Natl.Acad.Sci.U.S.A. 303-312.

MATSUOKA, Y., Vigouroux, Y., Goodman, M.M., Sanchez, J.G., Buckler, E., & Doebley, J. (2002) A single domestication for maize shown by multilocus microsatellite genotyping. Proc.Natl.Acad.Sci.U.S.A. 99: (9) 6080-6084.

MCCORMICK, S. (2004) Control of Male Gametophyte Development. The Plant Cell 16: 142-153.

MOREJOHN, L.C., Bureau, T.E., Molè-Bajer, J., Bajer, A.S., & Fosket, D.E. (1987) Oryzalin, a dinitraline herbicide, binds to plant tubulin and inhibits microtubule polymerization *in vitro*. Planta 172: 252-264.

MOREJOHN, L.C., Bureau, T.E., Tocchi, L.P., & Fosket, D.E. (1987) Resistance of *Rosa* microtubule polymerization to colchicine results from a low-affinity interaction of colchicine and tubulin Planta 170: (2) 230-241.

MOREJOHN, L.C., & Fosket, D.E. (1984) Inhibition of plant microtubule polymerization *in vitro* by phosphoric amide herbicide amiprophos-methyl. Science 224: 874-876.

MURTHY, J.V., Kim Hyong Ha, Hanesworth, V.R., Hugdahl, J.D., & Morejohn, L.C. (1994) Competitive inhibition of high-affinity oryzalin binding to plant tubulin by the phosphoric amide herbicide amiprophos-methyl. Plant Physiol. 105: (1) 309-320.

NANDA, D.K., & Chase, S.S. (1966) An embryo marker for detecting monoploids of maize (*Zea mays* L.). Crop Sci. 6: (2) 213.

NCBI. (2011) PubChem Substance. http://pubchem.ncbi.nlm.nih.gov/

NICK, P. (2000) Plant Microtubules: potential for biotechnology. Springer-Verlag

NULTSCH, W. (2001) Allgemeine Botanik. Thieme, Stuttgart.

OLSZEWSKA, M.J., Marciniak, K., & Kuran, H. (1990) Analysis of mitotic synchrony induced by cold treatment in root meristems of *Vicia faba* L. Environ.Exp.Bot. 30: (3) 373-382.

OTTO, F. (1990) DAPI staining of fixed cells for high-resolution flow cytometry of nuclear DNA. Methods in Cell Biology-Flow Cytometry 33: (11) 105-110.

PAN, W.H., Houben, A., & Schlegel, R. (1993) Highly effective cell synchronization in plant roots by hydroxyurea and amiprophos-methyl or colchicine. Genome 36: (2) 387-390.

PARTEC GMBH. (1995). Cell Analyzer CA-II Bedienungsanleitung

PLANCHAIS, S., Glab, N., Inzé, D., & Bergounioux, C. (2000) Chemical inhibitors: A tool for plant cell cycle studies. FEBS Lett. 476: 78-83.

RANDOLPH, L.F. (1932) Some effects of high temperature on polyploidy and other variations in maize. Proc.Natl.Acad.Sci.U.S.A. 18: 222-229.

RAVEN, P.H., Evert, R.F., & Eichhorn, S.E. (2006) Biologie der Pflanzen. De Gruyter, Berlin.

RAVI, M., & Chan, S.W.L. (2010) Haploid plants produced by centromere-mediated genome elimination. Nature 464: 615-618.

REINSCHMIDT, D.C., Simon, S.J., Volpe, E.P., & Tompkins, R. (1979) Production of tetraploid and homozygous diploid amphibians by suppression of first cleavage. J.Exp.Zool. 210:(1) 137-143.

RICHTER, G. (1998) Stoffwechselphysiologie der Pflanzen: Physiologie und Biochemie des Primär- und Sekundärstoffwechsels. Thieme, Stuttgart.

RÖBER, F.K. (1999) Fortpflanzungsbiologische und genetische Untersuchungen mit RFLP-Markern zur *in-vivo*-Haploideninduktion bei Mais. Dissertation Universität Hohenheim

RÖBER, F.K., Gordillo, G.A., & Geiger, H.H. (2005) In vivo haploid induction in maize-performance of new inducers and significance of doubled haploid lines in hybrid breeding. Maydica 50: 275-283.

ROTHE, G. (2007) Technische und methodische Grundlagen der Durchflusszytometrie. Zelluläre Diagnostik. Grundlagen, Methoden und klinische Anwendungen der Durchflusszytometrie. 27-70 Karger, Basel

SABELLI, P.A., & Larkins, B.A. (2009) The development of endosperm in grasses. Plant Physiol. 149: (1) 14-26.

SAISINGTONG, S., Schmid, J.E., Stamp, P., & Büter, B. (1996) Colchicine-mediated chromosome doubling during anther culture of maize (*Zea mays* L.). Theor.Appl.Genet. 92: 1017-1023.

SALMON, E.D., Goode, D., Maugel, T.K., & Bonar, D.B. (1976) Pressure-induced depolymerization of spindle microtubules III. differential stability in HeLa cells. J.Cell Biol. 69: 443-454.

SAMBROOK, J., & Russell, D. (2001) Molecular Cloning: A Laboratory Manual. Cold Spring Harbor Laboratory Press.

SAX, K. (1937) Effect of variations in temperature on nuclear and cell division in tradescantia. Am.J.Bot. 24: 218-225.

SCHIAVO, F.L., Ronchi, V.N., & Terzi, M. (1980) Genetic effects of griseofulvin on plant cell cultures. Theor.Appl.Genet. 58: (1)43-47.

SEGUI-SIMARRO, J.M., & Nuez, F. (2008) Pathways to doubled haploidy: chromosome doubling during androgenesis Cytogenet.Genome Res. 120: (3-4) 358-369.

SHARMA, C.B.S.R. (1990) Chemically induced aneuploidy in higher plants. Mutagenesis 5: (2) 105-125.

SHATSKAYA, O. A., Zabirova, E. R., Shcherbak, V. S., & Chumak, M. V. (1994) Mass induction of maternal haploids in corn. Maize Genet. Coop. Newsl. 68:51.

STÖCKLE, D. (2010). Verwendung und Optimierung von Oryzalin, Pronamid und APM zur Erzeugung von Doppelhaploiden in *Zea mays* L. als Alternative zu Colchicin. Diplomarbeit, Universität Hohenheim,

STRABLE, J., & Scanlon, M.J. (2009) Maize (*Zea mays*): a model organism for basic and applied research in plant biology. Cold Spring Harb Protoc. (10) 33-41.

THOMÉ, O.W. (1885) Flora von Deutschland Österreich und der Schweiz http://www.biolib.de

ULRICH, I., & Ulrich, W. (1991) High-resolution flow cytometry of nuclear DNA in higher plants. Protoplasma 165: (1-3) 212-215.

UPADHYAYA, M.K., & Noodén, L.D. (1977) Mode of dinitroaniline herbicide action I. analysis of the colchicine-like effects of dinitroaniline herbicides. Plant & Cell Physiol. 18: 1319-1330.

VITROPIC S.A. How the RITA technique works. http://vitropic.pagesperso-orange.fr/rita/en/fonction.htm

WAN, Y., Duncan, D.R., Rayburn, A.L., Petolino, J.F., & Widholm, J.M. (1991) The use of antimicrotubule herbicides for the production of doubled haploid plants from anther-derived maize callus. Theor.Appl.Genet. 81: 205-211.

WAN, Y., Petolino, J.F., & Widholm, J.M. (1989) Efficient production of doubled haploid plants through colchicine treatment of anther-derived maize callus. Theor.Appl.Genet. 77: 889-892.

WEBER, J. (2010). Screening einer Chemikalien-Bibliothek mittels *A.thaliana*-Keimlingen (GFP::MAP4-MBP) - Etablierung der Samenkeimung in Mikrotiterplatten. Bachelor-Thesis, Universität Hohenheim,

WELLER, K. (2006) K7743-13. http://www.ars.usda.gov

YANPAISAN, W., King, N.J.C., & Doran, P.M. (1999) Flow cytometry of plant cells with applications in large-scale bioprocessing. Biotechnol.Adv. 17: (1) 3-27.

ZHANG, X., & Onozato, H. (2004) Hydrostatic pressure treatment during the first mitosis does not suppress the first cleavage but the second one. Aquaculture 240:(1-4) 101-113.

ZHANG, Z., Qiu, F., Liu, Y., Ma, K., Li, Z., & Xu, S. (2008) Chromosome elimination and *in vivo* haploid production induced by Stock 6-derived inducer line in maize (*Zea mays* L.). Plant Cell Rep. 27: (12) 1851-1860.

ZHAO, J., & Simmonds, D.H. (1995) Application of trifluralin to embryogenic microspore cultures to generate doubled haploid plants in *Brassica napus*. Physiologia Plantarum 95: (2)304-309.

ZLESAK, D.C., Thill, C.A., & Anderson, N.O. (2005) Trifluralin-mediated polyploidization of *Rosa chinensis minima* (Sims) Voss seedlings. Euphytica 141: 281-290.

8. Anhang

Veröffentlichungen:

Teilergebnisse der vorliegenden Arbeit wurden wie folgt vorab veröffentlicht:

Publikation

- **Häntzschel, K.R.,** & Weber, G. (2010) Blockage of mitosis in maize root tips using colchicine-alternatives. Protoplasma 241: (1) 99-104

Posterpräsentationen im Rahmen der „Maize Genetics Conference"

- **Haentzschel, K.R.** & Weber, G. (2009) Establishment of a methodology for using doubled haploids of maize in a breeding program for Sub-Saharan Africa; P50

- Stoeckle, D; **Haentzschel, K.R.**; Weber, J; Weber, G. (2010) Possibilities to increase the doubling rates in haploid maize seedlings while reducing their mortality; P91

- **Haentzschel, K.R.**; Stoeckle, D; Weber, J; Weber, G. (2010) Some thoughts on the efficiency of doubled haploid maize production in vivo; P98

- **Haentzschel, K.R.**; Mueller, S; Cutler, S; Weber, G. (2011) Maize DH production - In search of effective colchicine-alternatives; P118

Im Rahmen der vorliegenden Arbeit konnten zwei Praktikanten (Großpraktikum Agrarbiotechnologie: J. Bühlmann, 2008 und J. Weber, 2009), eine Bachelor-Thesis (Weber, 2010), sowie eine Diplomarbeit (Stöckle, 2010) erfolgreich mit Teilaufgaben mit betreut werden.

Danksagung

An dieser Stelle bedanke ich mich bei all denjenigen, die mich in irgendeiner Weiser bei der Durchführung der vorliegenden Arbeit unterstützt haben.

Spezieller Dank gilt hier meinem Doktorvater Prof. Dr. Gerd Weber für die Ermöglichung und Betreuung dieser Arbeit, für das entgegengebrachte Vertrauen, das große Interesse an den durchgeführten Experimenten, den hilfreichen Ratschlägen und der fortwährenden Diskussionsbereitschaft und vor allem für die immerwährende Bestärkung und Motivierung.

Ebenso möchte ich mich bei Herrn Prof. Dr. A. Pfitzner, sowie bei Herrn Dr. habil. G. Reustle für die kritische Durchsicht der vorliegenden Arbeit bedanken.

Der Eiselen-Stiftung, Ulm (bzw. seit 1.01.2010 Stiftung fiat panis) danke ich für die finanzielle Unterstützung der vorliegenden Studie.

Bei folgenden Kooperationspartnern möchte ich mich ganz herzlich bedanken: Jim Birchler (University of Missouri, Columbia); Stefan Scholten (Universität Hamburg); Sean Cutler und Andrew Defries (University of California, Riverside); sowie Sabine Müller (Universität Tübingen).

Allen Mitgliedern des Instituts, die mich im Laufe der letzten Jahre in irgendeiner Weise unterstützt haben, sowie den Gärtnern für die Pflege meiner Versuchspflanzen danke ich.

Allen aktuellen und teilweise ehemaligen Mitgliedern der Arbeitsgruppe Pflanzenzüchtung und Biotechnologie, die mich in den letzten Jahren praktisch und durch viele hilfreiche Ratschläge unterstützt haben möchte ich für das angenehme Arbeitsklima danken. Dank gilt hier vor allem „dem Kern“: Antje Betz, Ute Born, Katja Breitenbücher, Andres Gatica, Monika Stanke und Martin Höhnle; sowie der leicht wechselnden „Kaffee-Runde“--- DANKESCHÖN

Teilaufgaben der vorliegenden Arbeit konnten im Rahmen von zwei Praktika, sowie einer Bachelorarbeit und einer Diplomarbeit mit betreut werden. Die Ergebnisse dieser Arbeiten sind daher ebenso Teil dieser Dissertation. Bei Julia Bühlmann, Dorothee Stöckle und Jakob Weber mochte ich mich daher für ihre tatkräftige Unterstützung, sowie der Bildung der „AG-Häntzschel“ bedanken.

Besonderer Dank geht an Ute Born, Simone Stahringer und Jakob Weber für das fleißige und sehr hilfreiche Korrekturlesen von Teilen, bzw. der gesamten Arbeit, sowie die Aufmunterung vor allem in der letzten Phase der Arbeit.

Unendlicher und unbeschreiblicher Dank geht an meine Familie: Freki, Max, Antje, Steffen, Wolfgang, Mama und Papa. Euch allen möchte ich speziell für die stetige Bestärkung, die immerwährende Aufheiterung und Unterstützung in allen Phasen der Arbeit danken.

Curriculum vitae

Persönliche Angaben

Name	Katharina Rosalie Häntzschel
Geburtsdatum	12.03.1983
Geburtsort	Kirchheim unter Teck
Staatsangehörigkeit	deutsch

Ausbildung

seit September 2007	wissenschaftliche Mitarbeiterin / Doktorandin im Institut für Pflanzenzüchtung, Saatgutforschung und Populationsgenetik, AG Pflanzenzüchtung und Biotechnologie, Universität Hohenheim. Erarbeitung der Ergebnisse der vorliegenden Arbeit
August 2007	Abschluss Dipl. Agr. Biol.; Titel der Diplomarbeit: „Die Expression von Stilben-, Chalcon- und Valerophenonsynthase in transgenen Hopfenpflanzen (*Humulus lupulus* L.) im Verlauf einer Vegetationsperiode“
2002 – 2007	Studium der Agrarbiologie, Universität Hohenheim
1993-2002	Mörike-Gymnasium, Esslingen mit Abschluss Abitur
1989-1993	Silcherschule, Esslingen

Praktische Tätigkeiten

2006	NABU Naturschutzzentrum Mettnau, Radolfzell (10 Wochen)
2006	BST Bio Sensor Technik, Berlin in Kooperation mit ITB – Institut für technische Biochemie, Fachgebiet analytische Biotechnologie, Universität Stuttgart (8 Wochen)
2003	PZO, Pflanzenzucht Oberlimpurg, Schwäbisch Hall (8 Wochen)

Sonstige Fortbildung

Februar 2007	Projektleiterschein (entsprechend § 15 Abs. 2 Satz 1 Nr. 3 der Gentechnik-Sicherheitsverordnung